1 Lies Wassermenge und Wasserstand im Schaubild ab und übertrage sie

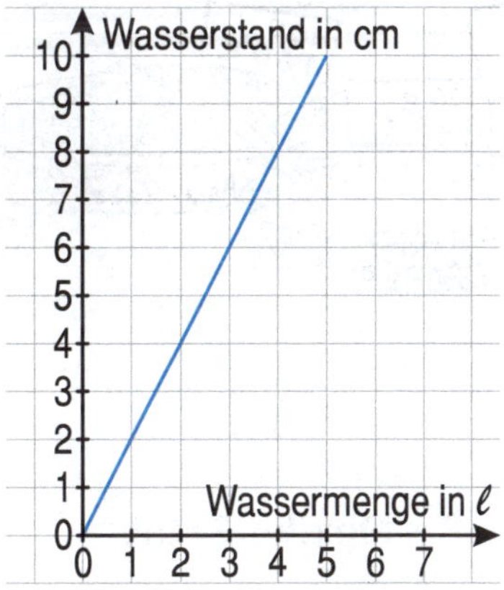

Wassermenge	Wasserstand
ℓ	cm
1	2
2	4
3	

2 Wasser läuft gleichmäßig in die Gläser. Der Füllvorgang wird jeweils durch ein Schaubild beschrieben. Schreibe unter jedes Schaubild die Nummer des zugehörigen Glases.

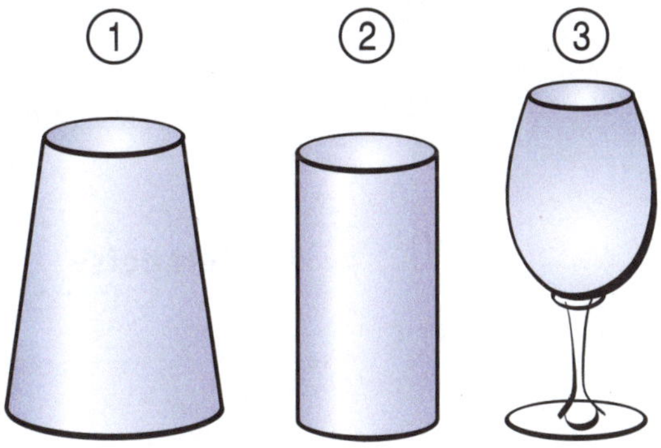

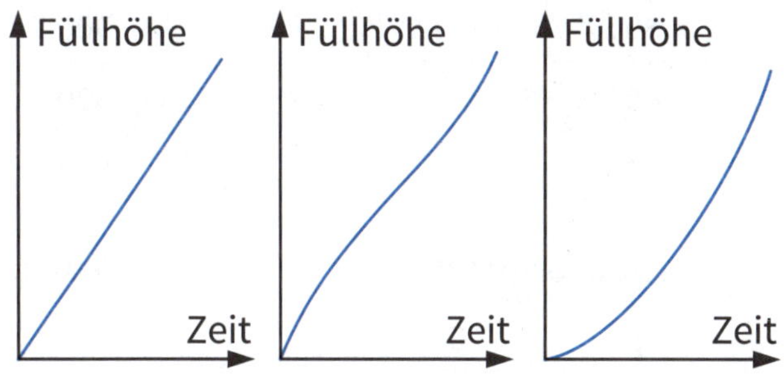

Glas ________ Glas ________ Glas ________

3 Die Kerzen brennen gleichmäßig ab.
In den Schaubildern ist die Zuordnung Zeit → Kerzenhöhe dargestellt.
Schreibe unter jedes Schaubild die Nummer der zugehörigen Kerze.

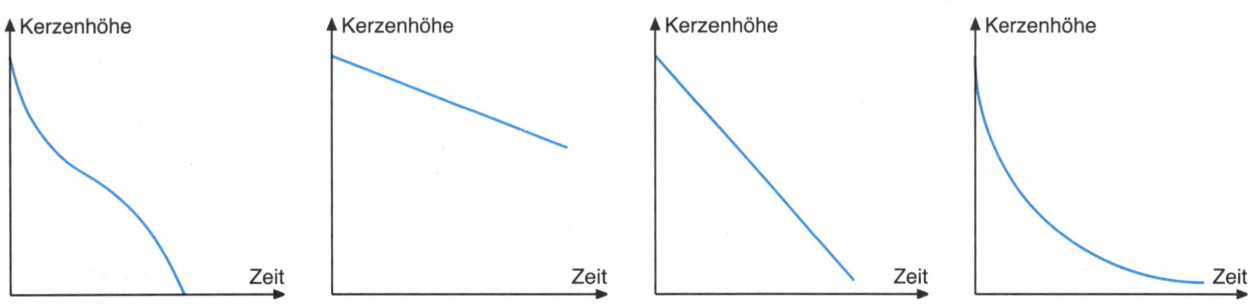

Kerze ________ Kerze ________ Kerze ________ Kerze ________

Direkt proportionale Zuordnungen

1 Ergänze die Preise.

a)

Paradies-Salat	
g	€
100	
200	
300	
400	
500	

b)

Mexiko-Salat	
g	€
100	
200	
300	
400	
500	

c)

Asia-Salat	
g	€
100	
200	
300	
400	
500	

d)

Kräuterquark	
g	€
100	
200	
300	
400	
500	

e)

Früchtetraum	
g	€
100	
200	
300	
400	
500	

f)

Götterspeise	
g	€
100	
200	
300	
400	
500	

2 Wie viel Euro zahlen die Kunden?

a)

b)

c)

3 a)

Emmentaler	
g	€
400	
200	
100	

b)

Schweizerkäse	
g	€
300	
100	
50	

c)

Ziegenkäse	
g	€
200	
100	
50	

Graphen direkt proportionaler Zuordnungen

1 Beim Schulfest verkauft die Back-AG selbst hergestellte Brötchen.

a) Berechne die fehlenden Preise.

(A)

Körnerbrötchen	
Anzahl	€
1	0,40
2	0,80
3	
4	

(B)

Sesambrötchen	
Anzahl	€
1	0,20
2	
3	
4	0,80

(C)

Rosinenbrötchen	
Anzahl	€
1	0,30
2	
3	0,90
4	

b) Zu welcher Tabelle gehört das Schaubild?

(1)

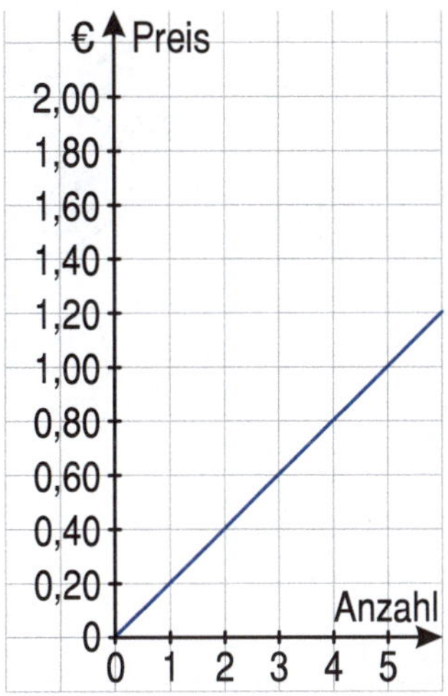

zu Tabelle ______

(2)

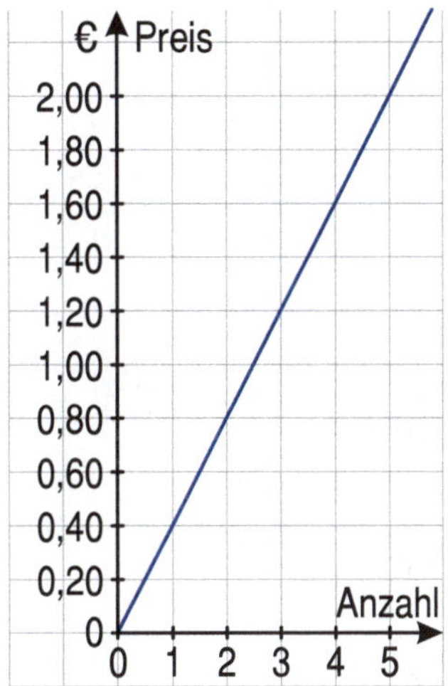

zu Tabelle ______

(3)

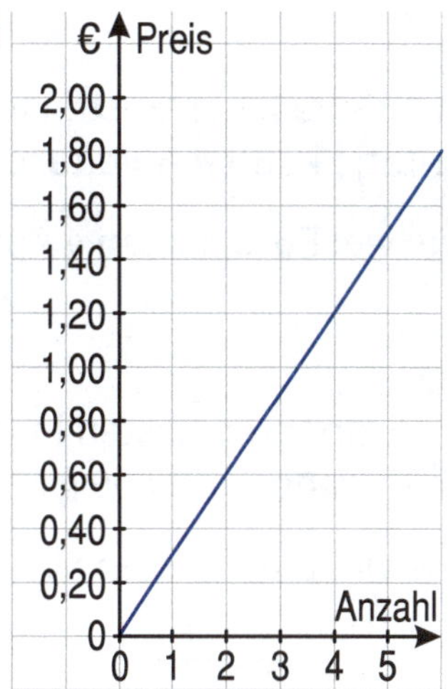

zu Tabelle ______

2

Ist die Aussage für eine direkt proportionale Zuordnung wahr oder falsch? Kreuze an.	w	f
Zur doppelten Menge gehört der doppelte Preis.		
Zur doppelten Menge gehört der halbe Preis.		
Die Punkte im Koordinatensystem liegen auf einer Geraden durch den Ursprung (0 | 0)		

3 Vervollständige die Tabelle und das zugehörige Schaubild.

Berliner	
Anzahl	€
1	0,50
2	
3	
4	
5	2,50
6	
7	
8	

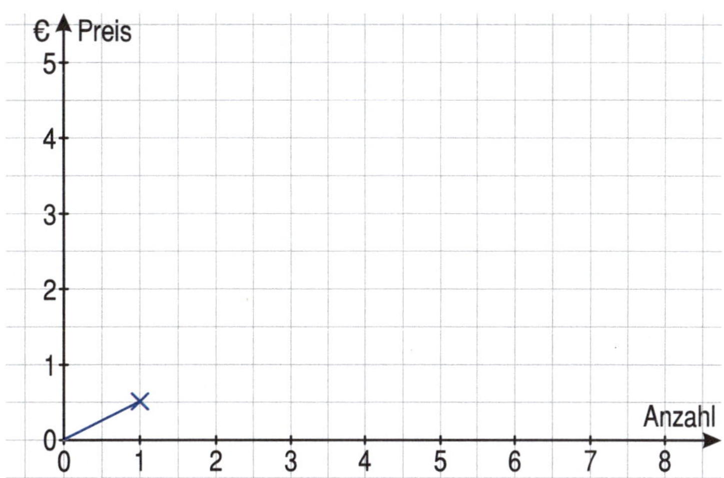

Der Dreisatz bei direkt proportionalen Zuordnungen

1 Berechne für jede Zutat die Menge für 6 Personen. Schreibe das Rezept für 6 Personen auf.

Erdbeerquark für 4 Personen
500 g Speisequark
60 g Zucker
200 g Erdbeeren

Erdbeerquark für 6 Personen

a)

Speisequark	
Personen	g
4	
1	
6	

b)

Zucker	
Personen	g

c)

Erdbeeren	
Personen	g

2 Fünf Apfeltaschen kosten insgesamt 4,50 €.
Frau Tatje kauft 4 Apfeltaschen.

F: Wie viel Euro kosten 4 Apfeltaschen?

A: ______________________________

3 500 g Erdbeeren kosten insgesamt 3,00 €.
Herr Jürgens kauft 800 g Erdbeeren.

F: Wie viel Euro kosten 800 g Erdbeeren?

A: ______________________________

4 Berechne die fehlenden Preise.

a)

Himbeeren	
g	€
400	3,20
100	0,80
500	

b)

Heidelbeeren	
g	€
300	2,40
100	
200	

c)

Johannisbeeren	
g	€
200	
100	0,75
400	

5 Herr Engelke bezahlt für 5 Flaschen Milch 3,50 €.
Frau Walsdorff kauft ebenfalls Milch und bezahlt 1,40 €.

F: Wie viele Flaschen Milch kauft Frau Walsdorff?

A: ______________________________

6 Vervollständige.

a)

Kräuterbutter	
Packungen	€
	2,70
1	0,90
5	

b)

Tomatenmark	
Dosen	g
10	
1	70
	210

c)

Essig	
Flaschen	ml
2	
1	400
6	

Indirekt proportionale Zuordnungen

1 Wie viele Minuten benötigen die Jungen noch für das Aufladen der Steine?

Personen	min
1	40
2	

(· 2 / : 2)

A: ______

2 Wie viel Zeit wird benötigt?

a) **Ausfegen**

Personen	min
1	30
3	

(· 3 / : 3)

b) **Aufräumen**

Personen	min
1	100
5	

(· ___ / : ___)

c) **Einsortieren**

Personen	min
2	120
4	

3 Wenn 3 Radlader eingesetzt werden, dauert das Vorbereiten eines Baugebietes 10 Stunden.
Es steht jedoch nur 1 Radlader für diese Arbeit zur Verfügung.

Radlader	h
3	

F: ______

A: ______

4 Wie viele Fahrten sind nötig?

a) **Steine**

Lkw	Fahrten
2	4
1	

(: 2 / · 2)

b) **Kies**

Lkw	Fahrten
4	5
2	

(: ___ / · ___)

c) **Sand**

Lkw	Fahrten
9	2
3	

5 Wie viele Bagger braucht man, um die Arbeit nach 8 Stunden zu beenden?

Bagger	h

A: ______

Der Dreisatz bei indirekt proportionalen Zuordnungen

1 Vervollständige die Tabelle.

	Lkw	Fahrten	
	6	5	
:6	1	30	·6
·5	5		:5

2 Wie viele Fahrten sind nötig?

a) **Sand**

	Lkw	Fahrten	
	5	4	
:5	1		·5
·4	4		:4

b) **Zement**

Lkw	Fahrten
2	12
1	
3	

c) **Kies**

Lkw	Fahrten
3	10
1	
5	

3 Wie viel Zeit benötigen die Maschinen?

a) **Bagger**

Anzahl	h
6	10
1	
4	

b) **Radlader**

Anzahl	h
3	20
1	
10	

c) **Raupen**

Anzahl	h
12	3
1	
9	

d) **Rüttler**

Anzahl	min
2	40
1	
5	

e) **Mischer**

Anzahl	min
8	30
1	
3	

f) **Pumpen**

Anzahl	min
5	240
1	
12	

4 Am Montag transportieren 6 Lkw Baustoffe.
Jeder Lkw muss zweimal fahren. Am Dienstag stehen für den gleichen Transport nur 4 Lkw bereit.
F: Wie oft muss jeder Lkw am Dienstag fahren?

A: ____________________

Lkw	Fahrten
6	2
1	
4	

5 Für das Pflastern eines Hofes sind 8 Stunden eingeplant.
Die Arbeit soll von 5 Handwerkern erledigt werden.
Dann meldet sich ein Handwerker krank.

F: ____________________

A: ____________________

Der Dreisatz bei direkt und indirekt proportionalen Zuordnungen

1 Reicht die Farbe zum Streichen der 18 m² großen Mauer?

Farbe	
Liter	m²
3	6
1	
10	

A: ______________________________

2 Vervollständige.

a)

Farbe	
Liter	m²
7	21
1	
3	

b)

Farbe	
Liter	€
4	
1	2,50
10	

c)

Tapete	
Rollen	€
6	
1	
8	32,00

3 Verschiedene Rechenwege, aber das gleiche Ergebnis. Vervollständige die Rechnungen.

5 Rollen Tapete kosten 15 €. Frau Timmer kauft 20 Rollen.

Sven:

	Tapete		
	Rollen	€	
	5	15	
: 5	1		: 5
· 20	20		· 20

Bedriya:

	Tapete		
	Rollen	€	
	5	15	
· 4	20		· 4

4 Lastwagen transportieren Baumaterial. Wie viele Fahrten sind nötig?

a)

Steine	
Lkw	Fahrten
7	4
1	
4	

b)

Eisenstangen	
Lkw	Fahrten
2	15
1	
3	

c)

Betonplatten	
Lkw	Fahrten
2	10
1	
5	

5 Ist die Zuordnung direkt proportional oder direkt antiproportional? Ergänze die Preise.

a)

Steckdosen	
Anzahl	€
8	24
1	
5	

b)

Holzleisten	
Anzahl	€
7	56
1	
12	

c)

Holzbalken	
Anzahl	Fahrten
4	6
1	
3	

Direkt und indirekt proportionale Zuordnungen

1 Berechne die Preise.

a)

2 kg Erdbeeren	
kg	€
0,5	1,50

b)

3 kg Spargel	
kg	€

c)

10 kg Kartoffeln	
kg	€

2 Frau Akyol kauft 20 Eier. Sie bezahlt dafür 6,00 €.
Für 1 kg Bananen bezahlt Herr Trempeck 1,35 €.
Herr Olliges kauft 3 kg Äpfel. Dafür bezahlt er 4,50 €.
Frau Voß kauft 300 g Johannisbeeren. 100 g Johannisbeeren kosten 70 Cent.
Der Preis für Himbeeren und Heidelbeeren ist gleich. 200 g Heidelbeeren kosten 2,10 €.

a) Kreuze die Fragen an, die du beantworten kannst.

◯ Wie viel Euro kostet eine Heidelbeere?
◯ Wie viel Euro kosten 2 kg Bananen?
◯ Wie viel Euro kosten 200 g Johannisbeeren?
◯ Wie viel Euro kosten alle Waren auf dem Wochenmarkt zusammen?

b) Berechne die Preise.

2 kg Äpfel	
kg	€

300 g Himbeeren	
g	€

30 Eier	
Anzahl	€

3 Überlege zuerst, ob die Tabelle zu einer direkt proportionalen oder zu einer indirekt proportionalen Zuordnung gehört. Dann vervollständige die Tabelle.

a) Brot

Anzahl	1	2	3	4	5
€	2,50	5,00			

b) Arbeiter

Anzahl	1	2	3	4	5
min	120	60			24

Direkt und indirekt proportionale Zuordnungen

1 Direkt proportional (d) oder indirekt proportional (i)? Kreuze an.

		d	i
a)	Der Mietpreis für 3 Tage beträgt 90 €. Wie teuer ist die Miete für 2 Tage?		
b)	6 Maler streichen den Zaun in 5 Stunden. Wie viele Stunden benötigen 3 Maler für diese Arbeit?		
c)	Ein Lkw muss 4-mal fahren, um Sand zur Baustelle zu bringen. Wie viele Fahrten benötigen 2 Lkw?		
d)	5 kg Kleber kosten 19,90 €. Wie viel Euro kosten 50 kg Kleber?		
e)	In 2 Stunden verdient Ayse 15 €. Wie viele Stunden muss Ayse arbeiten, um doppelt so viel zu verdienen?		

2 Eine der Tabellen gehört zu einer direkt proportionalen Zuordnung.
Vervollständige diese Tabelle.
Zeichne dazu das Schaubild.

Anbringen von Treppengeländern

Anzahl	min
1	60
2	120
3	
4	
5	

Personen	min
1	300
2	150
3	
4	
5	

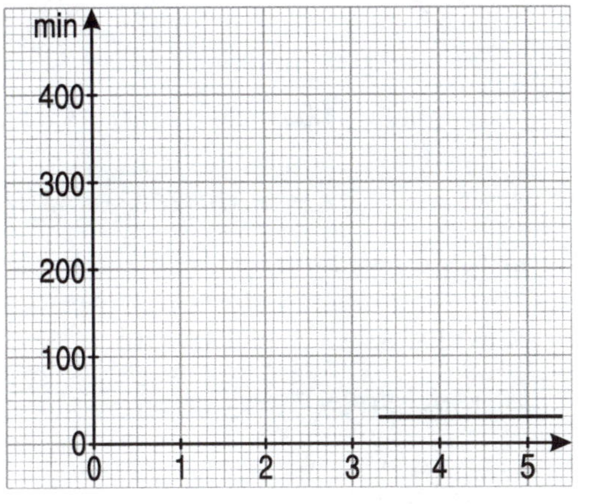

3 Ist die Zuordnung direkt proportional oder indirekt proportional?
Berechne die fehlende Größe.

a) **Lackieren**

Maler	min
2	50
4	

b) **Kosten**

Bohrer	€
10	20,50
20	

c) **Farbe**

Eimer	kg
6	30
3	

d) **Radlader**

Anzahl	h
4	8
1	

4 Zehn Sporttaschen kosten insgesamt 200 €.
Ein Fußballverein kauft 12 Sporttaschen.

F: ______________________________

A: ______________________________

5 Die Pferdeställe können von 2 Personen in 4 Stunden gereinigt werden. Nun stehen aber 4 Personen für die Stallreinigung zur Verfügung.

F: ______________________________

A: ______________________________

Veränderungen bei Weg und Zeit

1 Die Jugendgruppe macht eine Fahrradtour ins Zeltlager.

a) Lies im Schaubild die Uhrzeiten und Weglängen ab und trage sie in die Tabelle ein.

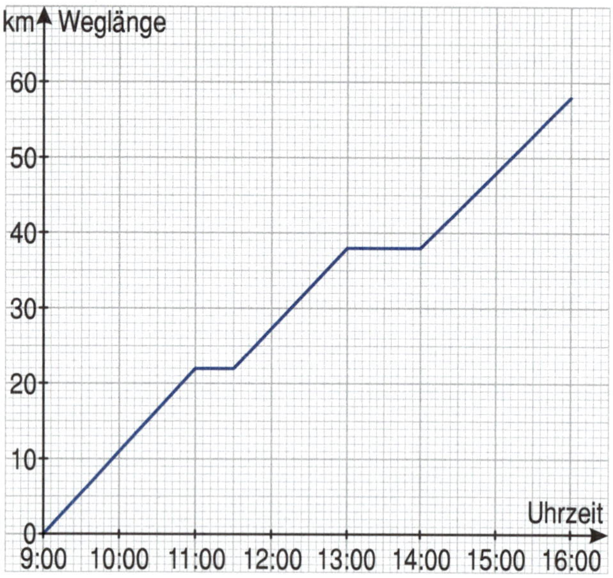

	Uhrzeit	Weglänge
Abfahrt		0 km
1. Pause	11.00 Uhr	
Mittagspause	13.00 Uhr	38 km
Ankunft		58 km

b) Ergänze die fehlenden Angaben in diesem Text:

Die Abfahrt ist um ________ Uhr. Die Jugendlichen fahren zunächst ________ Stunden lang ohne Unterbrechung. Die erste Pause beginnt um ________ Uhr und dauert ________ Minuten. Bis hierhin werden ________ km zurückgelegt.
Danach werden bis zur Mittagspause weitere ________ km gefahren.
Die Mittagspause beginnt um ________ Uhr und dauert genau ________ Stunde.
Um ________ Uhr wird die Fahrt fortgesetzt.
Es sind jetzt noch genau ________ km bis zum Zeltlager.
Die Gruppe benötigt für diese Teilstrecke ________ Stunden. Bei der Ankunft ist es ________ Uhr.
Die Gesamtstrecke von der Abfahrt bis zum Ziel beträgt ________ km.

c) Kreuze die richtigen Aussagen an.

◯ Um 10.00 Uhr haben die Jugendlichen mehr als 30 km zurückgelegt.
◯ Um 13.30 Uhr ist bereits eine halbe Stunde seit Beginn der Mittagspause vergangen.
◯ Nach 7 Stunden erreicht die Jugendgruppe das Zeltlager.

Den Taschenrechner kennenlernen

1 Gib die Zahlen in deinen Taschenrechner ein. Prüfe jedesmal die angezeigte Zahl. Drehe den Taschenrechner um und notiere das angezeigte Wort. Dann drücke die Löschtaste.

a)	b)	c)
8 315 ______	51 379 ______	551 839 ______
1 378 ______	35 308 ______	381 378 ______
3 713 ______	39 139 ______	773 839 ______

2 Löse die Aufgaben mit deinem Taschenrechner. Nach dem Umdrehen des Rechners siehst du jeweils ein Wort. Das Lösungswort bezeichnet ein bequemes Möbelstück.

Aufgabe mit Ergebnis	Wort			
67 218 + 31 678 − 95 013 =	1			
489 · 67 − 27 446 =			2	3
55 428 : 894 + 5 456 =			4	
(43 · 34 − 491) · 9 =	5			
(628 · 826 − 454 587) : 17 =		6		7
(417 238 − 259 163 − 158 052) · 405 =	8	9		
(56 · 65 + 361 832) : 96 =	10			11

Lösungswort

10	9	7	5	2	8	11	3	4	1	6

3 Die Summe der Zahlen in zwei nebeneinander liegenden Steinen steht im Stein darüber. Nutze deinen Taschenrechner.

a)

	241 214	276 762	
215 617		239 923	

b)

381 813		165 516	
234 423			101 110

4 Verbinde mit dem richtigen Ergebnis. Du findest es durch Überschlagen. Kontrolliere mit deinem Taschenrechner.

a)

317 · 7	3123
593 · 3	2219
347 · 9	2943
689 · 7	1779
981 · 3	4823

b)

8530 : 2	2781
37 868 : 4	4265
16 686 : 6	7340
26 445 : 5	5289
66 060 : 9	9467

5 Fülle die Lücken mit Rechenzeichen (+, −, ·, :) so dass die Gleichung stimmt.

a)	b)	c)
113 ☐ 4 ☐ 7 = 459	897 ☐ 26 ☐ 87 = 784	1 086 ☐ 3 ☐ 19 = 3 277
228 ☐ 3 ☐ 8 = 676	654 ☐ 89 ☐ 25 = 718	3 324 ☐ 6 ☐ 18 = 1 108

Vermischte Übungen

1 Berechne den fehlenden Preis.

a)

Tintenroller	
Anzahl	€
1	1,30
3	

b)

Hefte	
Anzahl	€
1	0,40
8	

c)

Bleistifte	
Anzahl	€
2	0,90
4	

d)

Schreibblöcke	
Anzahl	€
3	2,10
9	

2 a)

Kalender	
Anzahl	€
2	3,20
1	

b)

Mappen	
Anzahl	€
4	2,00
1	

c)

Malbücher	
Anzahl	€
10	9,00
5	

d)

Rätselhefte	
Anzahl	€
6	3,00
2	

3 Vervollständige die Tabelle und das zugehörige Schaubild.

Patronen	
Anzahl	€
1	0,60
2	1,20
3	1,80
4	
5	
6	
7	

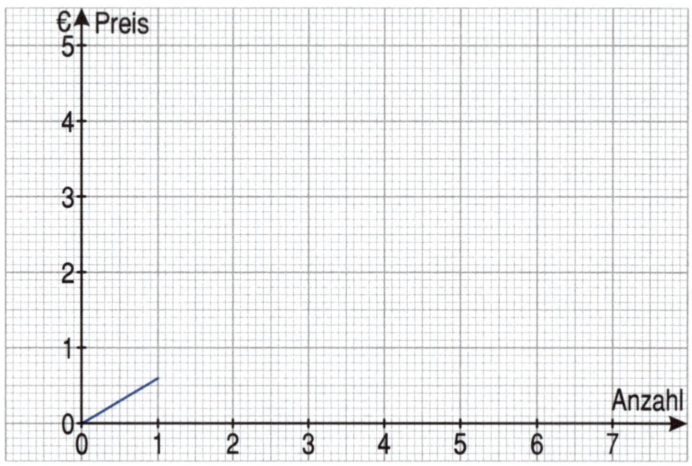

4 Eine Baugrube kann von 2 Baggern in 10 Stunden ausgehoben werden.
In welcher Zeit könnten 4 Bagger die Baugrube ausheben?

A: ______________________________

5 Wie viele Stunden benötigen die Maschinen zur Erledigung der Arbeit?

a)

Bagger	
Anzahl	h
1	18
3	

· 3 ; : 3

b)

Radlader	
Anzahl	h
1	20
4	

· ___ ; : ___

c)

Pumpen	
Anzahl	h
1	45
5	

6 Berechne die fehlenden Preise.

a)

Pullover	
Anzahl	€
2	32
1	
3	

b)

T-Shirts	
Anzahl	€
4	20
1	
5	

c)

Gürtel	
Anzahl	€
4	24
1	
3	

2 Prozentrechnung

1 Prozent bedeutet Hundertstel.
Gib den Anteil als Hundertstelbruch und in Prozent an.

a) 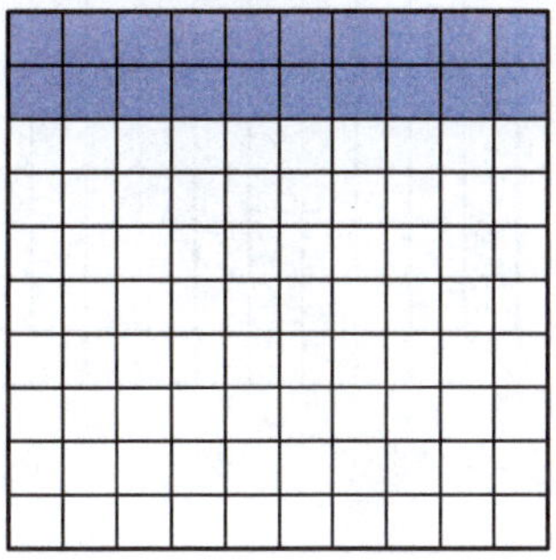

$\frac{\_\_\_}{100}$ = ______ %

b) 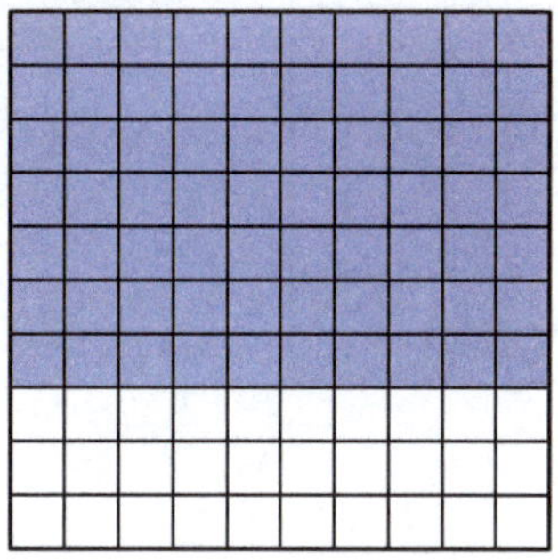

$\frac{\_\_\_}{100}$ = ______ %

c) 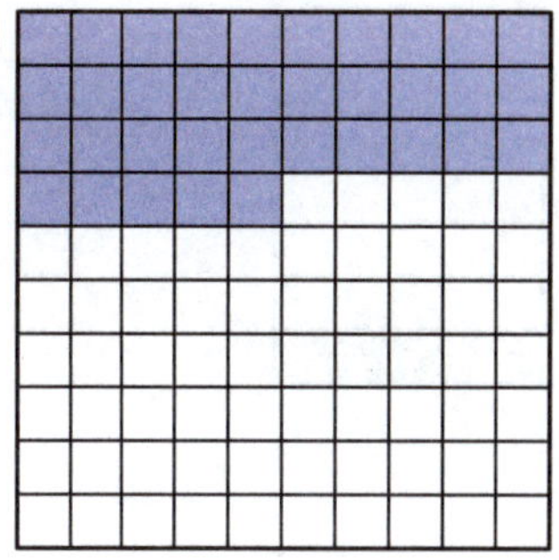

$\frac{\_\_\_}{100}$ = ______ %

2 Färbe im Hunderterfeld. Gib den Anteil in Prozent an.

a) 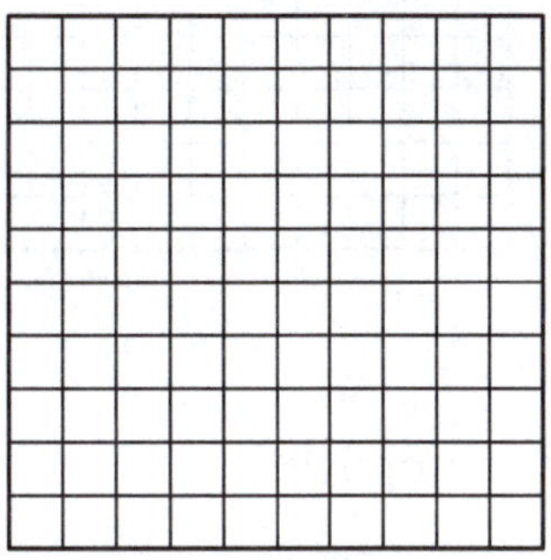

$\frac{40}{100}$ = ______ %

b) 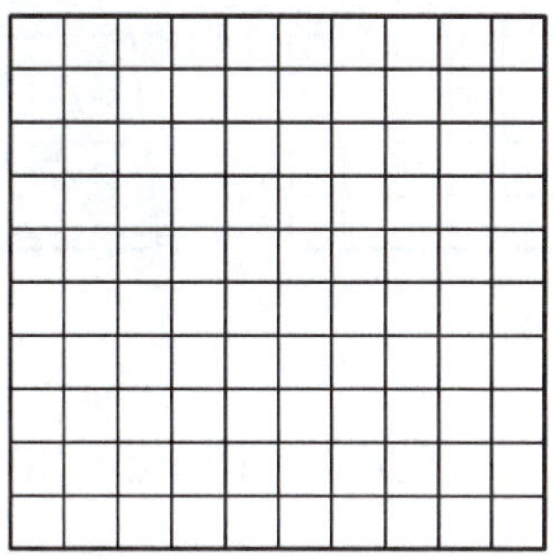

$\frac{25}{100}$ = ______ %

c) 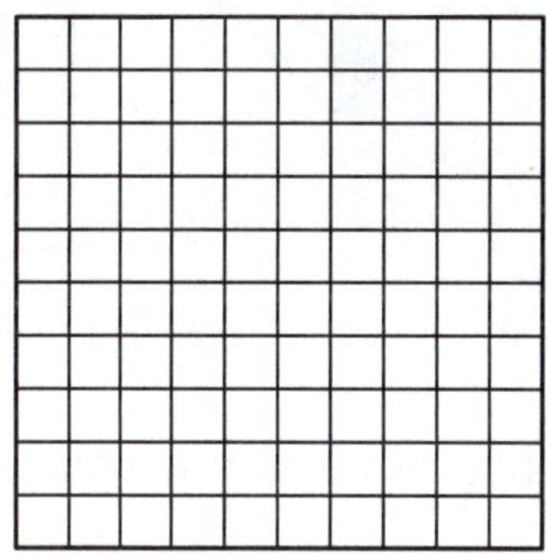

$\frac{52}{100}$ = ______ %

3 Färbe im Hunderterfeld. Gib den Anteil als Hundertstelbruch an.

a) 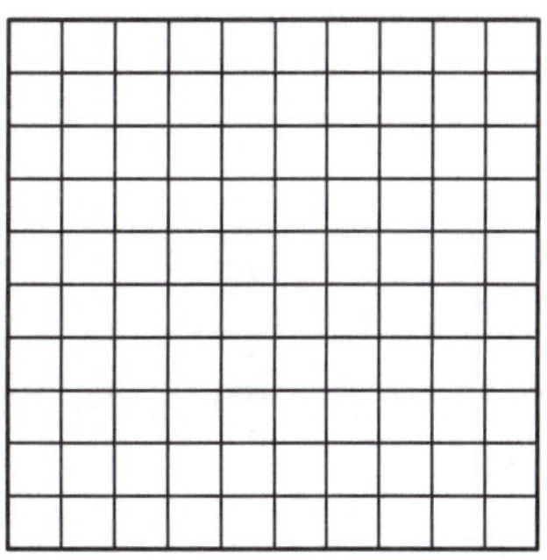

12 % = $\frac{\_\_\_}{100}$

b) 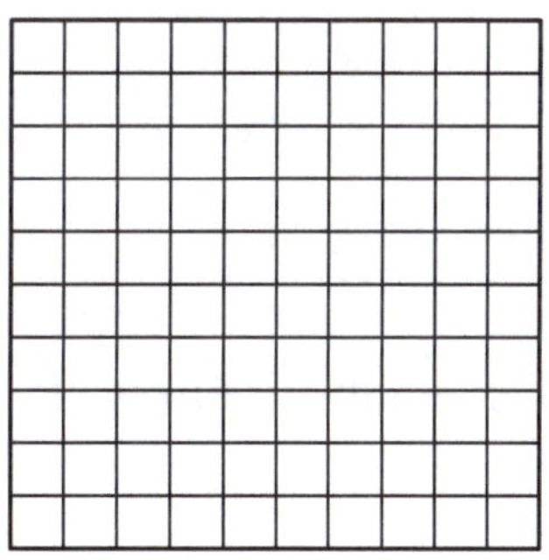

95 % = $\frac{\_\_\_}{100}$

c) 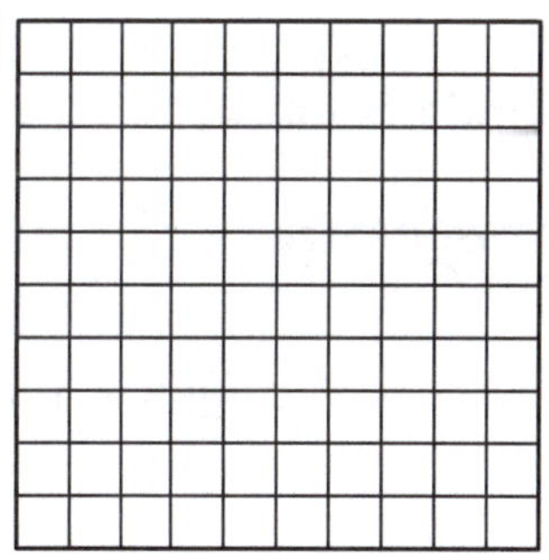

49 % = $\frac{\_\_\_}{100}$

4 Schreibe mit dem Prozentzeichen und als Hundertstelbruch.

a) 7 Prozent = ______ = $\frac{\_\_\_}{100}$ 10 Prozent = ______ = $\frac{\_\_\_}{100}$ 50 Prozent = ______ = $\frac{\_\_\_}{100}$

b) 1 Prozent = ______ = $\frac{\_\_\_}{100}$ 30 Prozent = ______ = $\frac{\_\_\_}{100}$ 99 Prozent = ______ = $\frac{\_\_\_}{100}$

Prozent

1 Welcher Bruchteil ist gefärbt? Färbe im Hunderterfeld denselben Bruchteil.

a)

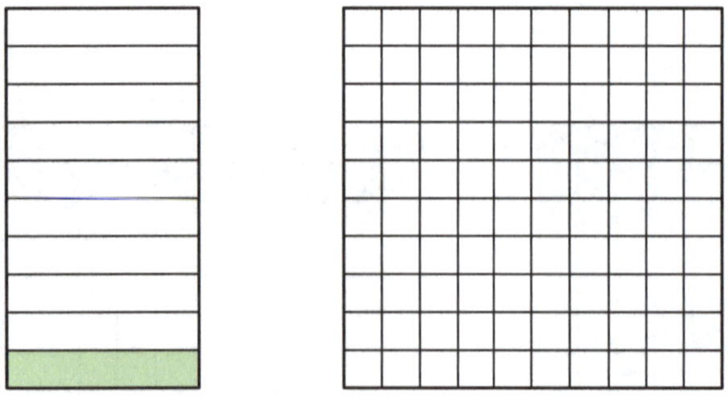

$\frac{1}{10} = \frac{}{100} = \_\_\_\_\,\%$

b)

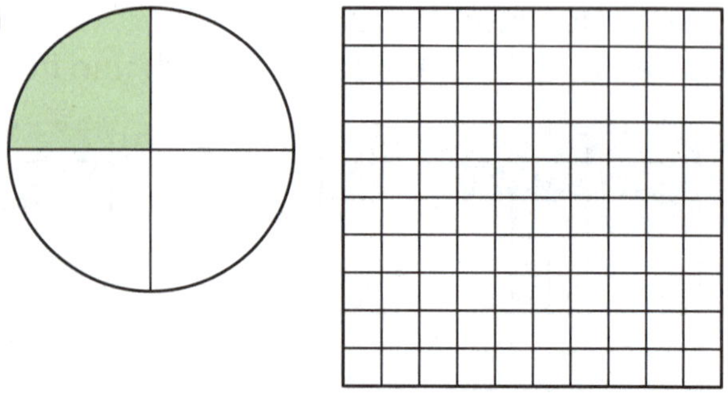

$\frac{}{} = \frac{}{100} = \_\_\_\_\,\%$

c)

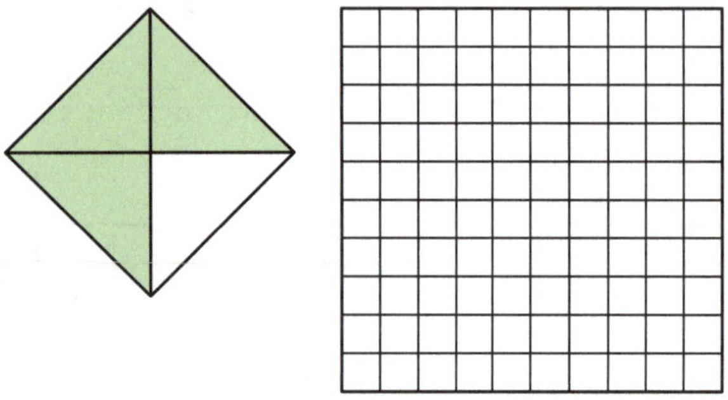

$\frac{}{} = \frac{}{100} = \_\_\_\_\,\%$

d)

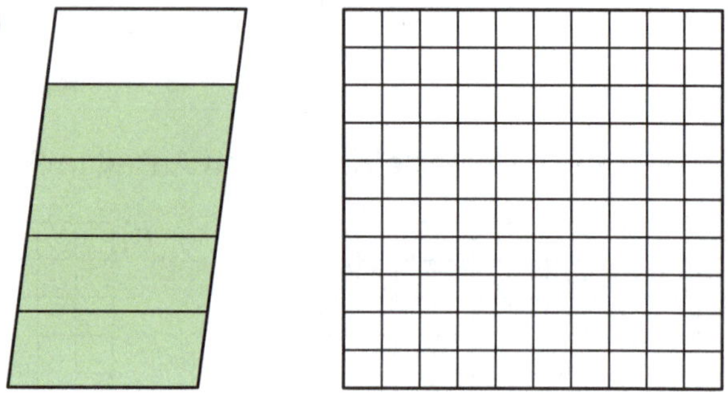

$\frac{}{} = \frac{}{100} = \_\_\_\_\,\%$

2 Schreibe zu jedem Prozentsatz den Hundertstelbruch. Kürze so weit wie möglich.

a) $5\,\% = \frac{}{100} = \frac{}{}$ b) $90\,\% = \frac{}{100} = \frac{}{}$ c) $2\,\% = \frac{}{100} = \frac{}{}$ d) $60\,\% = \frac{}{100} = \frac{}{}$

3 Vervollständige die Tabelle.

Bruch	$\frac{1}{2}$	$\frac{1}{5}$				$\frac{3}{4}$
Hundertstelbruch	$\frac{50}{100}$		$\frac{25}{100}$		$\frac{30}{100}$	
Prozentsatz	50 %			10 %		

4 Immer zwei Angaben gehören zu demselben Anteil. Kennzeichne sie mit der gleichen Farbe.

$\frac{1}{100}$	$\frac{7}{10}$	$\frac{3}{5}$	$\frac{1}{2}$	$\frac{1}{20}$	$\frac{9}{10}$
70 %	50 %	5 %	90 %	1 %	60 %

5 Zu einigen Darstellungen wurde der falsche Prozentsatz notiert. Streiche die falschen Prozentsätze durch und berichtige.

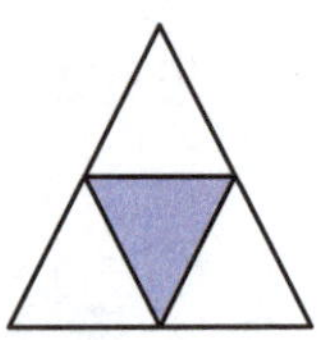

40 % ________

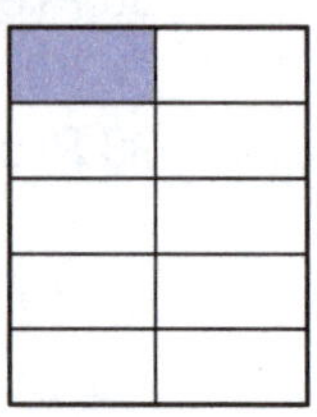

10 % ________

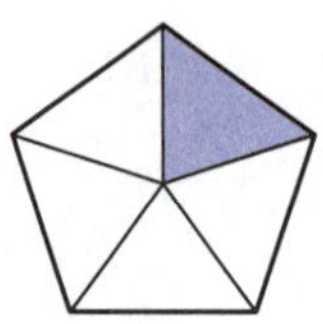

20 % ________

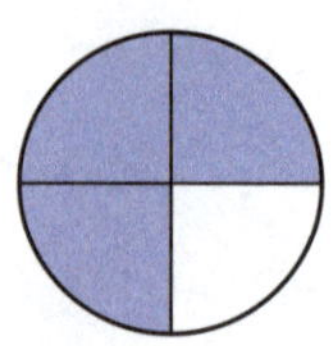

34 % ________

Prozentwert berechnen

1 Trage die neuen Preise ein.

2 Eine Kinovorstellung wird von 80 Zuschauern besucht.
Davon sind 25 % Jugendliche.
Wie viele Jugendliche besuchen die Vorstellung?

$25\,\% = \frac{1}{4}$

$\frac{1}{4}$ von 80 = 80 : 4 = ______

A: ______________________________

3 Berechne.

a) 25 % von 100 € = ______ € b) 25 % von 400 € = ______ € c) 25 % von 20 € = ______ €

4 a)

	von 40 €	von 800 €
50 %		
25 %		
10 %		

b)

	von 120 km	von 480 km
50 %		
25 %		
10 %		

5 Wie viel Euro muss Herr Romanov anzahlen?

A: ______________________________

6 Vervollständige die Tabelle.

100 %	1 500 €	2 300 €	700 €	430 €		
10 %	150 €				10 €	
1 %		23 €				2,50 €

Prozentwert berechnen

1 Wie viele Erwachsene waren im Freibad?

	%	Besucher	
	100	200	
: 100	1		: 100
· 9	9		· 9

A: ____________________

2 a) 5 % von 400 Besuchern

%	Besucher
100	400
1	
5	

______ Besucher

b) 8 % von 900 Besuchern

%	Besucher
100	
1	
8	

______ Besucher

c) 12 % von 200 Schülern

%	Schüler
100	200
1	
12	

______ Schüler

d) 40 % von 300 Schülern

%	Schüler

______ Schüler

3 a)

	von 700 m	von 3 000 m
1 %		
6 %		
9 %		

b)

	von 500 kg	von 2 000 kg
1 %		
12 %		
30 %		

4 Wie viel Gramm Zucker sind in 100 g der Waren enthalten?

Milchschokolade ______ g Schokoladeneis ______ g

Weiße Schokolade ______ g Schokokuss ______ g

Trinkschokolade ______ g Instant-Kakao ______ g

Zuckergehalt	
Milchschokolade	50 %
Schokoladeneis	14 %
Weiße Schokolade	55 %
Schokokuss	65 %
Trinkschokolade	10 %
Instant-Kakao	78 %

5 Ein Schoko-Riegel wiegt 120 g.
Der Kakao-Anteil beträgt 30 %.
Wie viel Gramm Kakao enthält der Schoko-Riegel?

%	g
100	120
10	12

A: ____________________

Prozentwert berechnen

1 Vervollständige die Tabelle.

a) 19 % von 4 500 Autos

%	Autos
100	

_____ Autos

b) 61 % von 400 Mofas

%	Mofas
100	

_____ Mofas

2 Löse mit einer Tabelle.

a) 33 % von 1 200 Fahrrädern

b) 27 % von 500 Bussen

_____ Fahrräder

_____ Busse

3 Im Kopf oder schriftlich?

a) 45 % von 240 m = _____ m

b) 30 % von 20 000 ℓ = _____ ℓ

c) 10 % von 360 kg = _____ kg

d) 14 % von 290 kg = _____ kg

e) 25 % von 8 000 ℓ = _____ ℓ

f) 99 % von 1 000 m = _____ m

g) 5 % von 1 000 m = _____ m

h) 20 % von 500 kg = _____ kg

4 Vervollständige die Tabelle.

100 %	400 t	1 500 t	2 000 t			
1 %	4 t			9 t		50 t
6 %		90 t			18 t	

Sachaufgaben zur Prozentwertberechnung

1 Wie viele Stehplätze sind im Stadion?

A: ______________________

2 Von 400 Sitzplätzen in der Sporthalle sind 85 % besetzt.
Wie viele Sitzplätze sind besetzt?

A: ______________________

3 Von 28 000 Eintrittskarten werden 25 % zu einem ermäßigten Preis angeboten.
Wie viele Karten werden zum Vorzugspreis angeboten?

A: ______________________

4 Bei 13 % von 4 600 kontrollierten Autos werden Mängel bei der Beleuchtung festgestellt.
Wie viele Autos haben eine fehlerhafte Lichtanlage?

A: ______________________

5 Die Waldschule hat 300 Schülerinnen und Schüler.
61 % der Kinder kommen mit dem Bus zur Schule. 24 % der Kinder fahren mit dem Fahrrad.
9 % der Kinder gehen zu Fuß zur Schule. Die übrigen Kinder werden mit dem Auto gebracht.

a) Wie viel Prozent der Kinder werden mit dem Auto zur Schule gebracht?

A: ______________________

b) Berechne die jeweilige Zahl der Schülerinnen und Schüler, die so zur Schule kommen:

mit dem Bus

mit dem Fahrrad

zu Fuß

mit dem Auto

Grundwert berechnen

1 Berechne den alten Preis.

a) **Netbook**

	%	€	
	60	300	
: 60	1		: 60
· 100	100		· 100

Alter Preis: ______ €

b) **Smartphone**

%	€

Alter Preis: ______ €

c) **Monitor**

%	€

Alter Preis: ______ €

d) **DVD-Player**

%	€

Alter Preis: ______ €

2 Von den Kunden, die ein Netbook gekauft haben, kauften 40 % auch einen DVD-Player. Das waren 160 Kunden. Wie viele Kunden haben ein Netbook gekauft?
Berechne den Grundwert mit einer Tabelle.

A: ______

3 In der Woche vor Weihnachten waren 18 % der Kunden jünger als 20 Jahre. Das waren 540 Kunden. Wie viele Kunden waren es in dieser Woche insgesamt?
Berechne den Grundwert mit einer Tabelle.

A: ______

Prozentsatz berechnen

Arbeitsgemeinschaften in der Tanneck-Schule

	Zirkus	Gitarre	Schreiben am PC	Basketball
Teilnehmerzahl insgesamt	20	10	25	25
aus der Jahrgangsstufe 7	5	3	11	14

1 Wie viel Prozent der Teilnehmer jeder Arbeitsgemeinschaft sind aus der Jahrgangsstufe 7?

a) **Zirkus**

	Teilnehmer	%	
	20	100	
: 20	1		: 20
· 5	5		· 5

_____ % aus Jahrgangsstufe 7

b) **Gitarre**

Teilnehmer	%

_____ % aus Jahrgangsstufe 7

c) **Schreiben am PC**

Teilnehmer	%

_____ % aus Jahrgangsstufe 7

d) **Basketball**

Teilnehmer	%

_____ % aus Jahrgangsstufe 7

2 Berechne den Prozentsatz. Löse mit einer Tabelle.

a) **Trommeln**

17 von 50 Schülern

_____ %

b) **Töpfern**

14 von 20 Schülern

_____ %

c) **Flechten**

13 von 25 Schülern

_____ %

3 Von 80 Schülern entschieden sich 24 für Jazztanz. Wie viel Prozent der 80 Schüler entschieden sich für Jazztanz? Zwischenergebnisse müssen nicht immer ganze Zahlen sein.

	Schüler	%	
	80	100	
: 80	1	1,25	: 80
· 24	24		· 24

1, 2 5 · 2 4

A: _____

Sachaufgaben

1 Wie viele Plätze im Zirkus gehören zu jeder Platzgruppe? Trage ein.

_______ Platzgruppe 1 _______ Platzgruppe 2 _______ Platzgruppe 3

2 In der Zirkusmanege arbeiten 15 % aller Mitarbeiter. Das sind 45 Mitarbeiter. Wie viele Mitarbeiter hat der Zirkus insgesamt?

A: ______________________________

____

3 Der normale Preis in der Platzgruppe 1 beträgt 40 €. In der Weihnachtszeit wird der Preis in der Platzgruppe 1 um 8 € erhöht. Um wie viel Prozent wird der Preis erhöht?

A: ______________________________

____

4 Clown Pepo kennt viele Tricks. Er bittet einen Besucher um einen 20-€-Schein und verspricht: „Sie bekommen 40 % wieder zurück.“ Wie viel Euro verspricht Pepo dem Zuschauer? Kreuze an.

- ◯ Das Doppelte von 20 €
- ◯ Mehr als die Hälfte von 20 €
- ◯ Genau 8 €

Prozentuale Abnahme

1 Ein Notebook kostet 600 €. Bald kommt ein neues Modell auf den Markt. Daher gibt es einen Nachlass von 20 %. Vervollständige die beiden Rechenwege zur Berechnung des ermäßigten Preises.

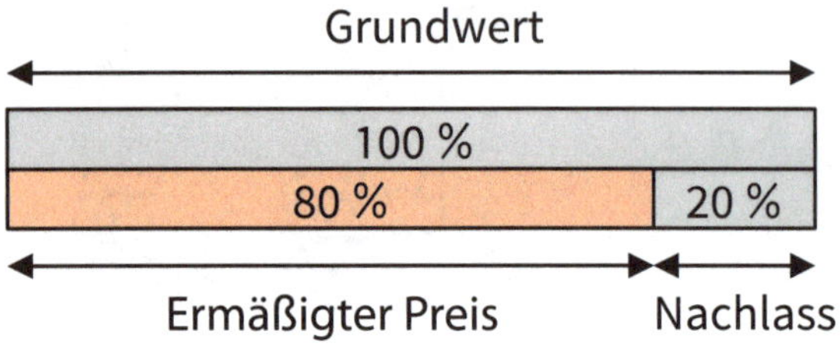

Ⓐ Den Nachlass bestimmen und vom Grundwert subtrahieren.

%	€
100	600
1	
20	

Grundwert: 600 €

Nachlass: 20 % von 600 € = ______ €

Ermäßigter Preis: ______ €

Ⓑ Der ermäßigte Preis ist 80 % des Grundwerts.

%	€
100	600
1	
80	

Ermäßigter Preis: ______ €

A: Der ermäßigte Preis für das Notebook beträgt ____________ €.

2 Berechne den ermäßigten Preis. Wähle selbst den Rechenweg.

Nachlass 15 %

Jumba 20 500 €

Nachlass 18 %

Funny 23 900 €

Nachlass 22 %

Maestro 34 800 €

Nachlass 8 %

Salsa 14 900 €

a) **Jumba**

%	€

Ermäßigter Preis: ____________

b) **Funny**

%	€

Ermäßigter Preis: ____________

c) **Maestro**

%	€

Ermäßigter Preis: ____________

d) **Salsa**

%	€

Ermäßigter Preis: ____________

Prozentuale Zunahme

1 Die Miete für die Berghütte beträgt 800 € pro Woche. In den Weihnachtsferien wird der Mietpreis um 30 % erhöht. Vervollständige die beiden Rechenwege zur Berechnung der erhöhten Miete.

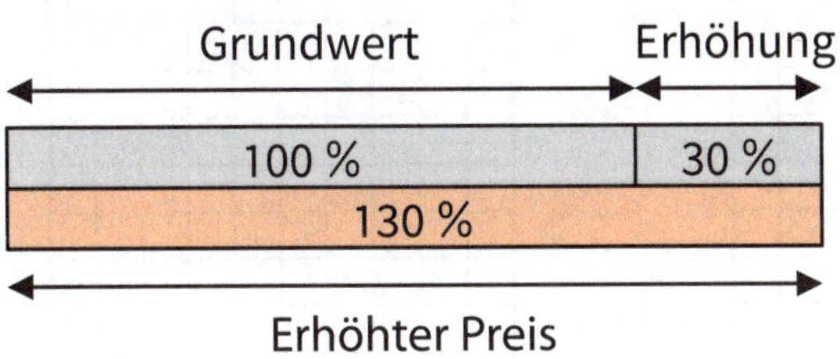

Ⓐ Die Erhöhung bestimmen und zum Grundwert addieren.

%	€
100	800
1	
30	

Grundwert: 800 €
Erhöhung: 30 % von 800 € = ______ €
Erhöhter Preis: ______ €

Ⓑ Der erhöhte Preis ist 130 % des Grundwerts.

%	€
100	800
1	
130	

Erhöhter Preis: ______ €

A: In den Weihnachtsferien beträgt die Miete für die Hütte pro Woche ______ €.

2 Wie hoch ist der Preis in der Hauptsaison? Wähle selbst den Rechenweg.

a) **Mallorca**

%	€

Preis in der Hauptsaison: ______

b) **Kreta**

%	€

Preis in der Hauptsaison: ______

c) **Ibiza**

%	€

Preis in der Hauptsaison: ______

d) **Menorca**

%	€

Preis in der Hauptsaison: ______

Üben

1 Zu jedem Hunderterfeld gehören ein Prozentsatz, ein Hundertstelbruch und eine Dezimalzahl. Ergänze die fehlenden Werte. Färbe im Hunderterfeld.

a) $75\,\% = \frac{\_\_\_}{100} = 0{,}75$

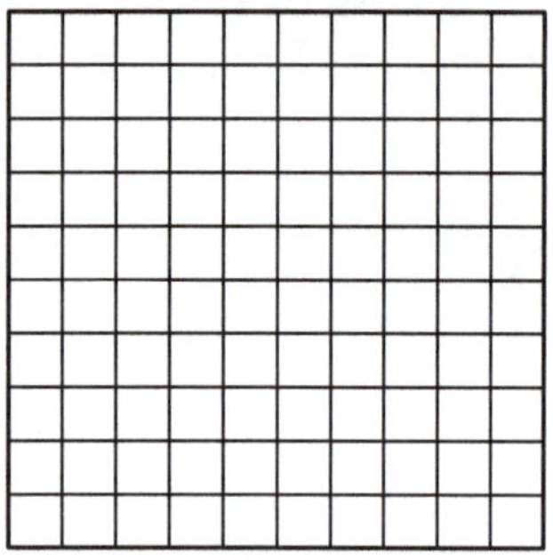

b) $\_\_\_\,\% = \frac{1}{100} = 0{,}01$

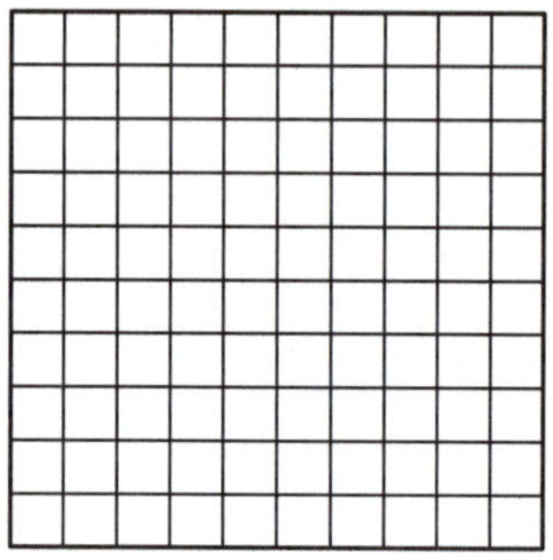

c) $25\,\% = \frac{25}{100} = \_\_\_$

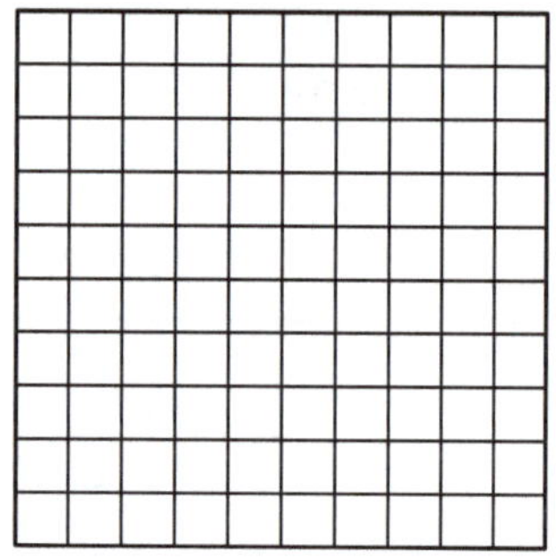

2 Immer drei Werte sind gleich. Kennzeichne sie mit der gleichen Farbe.

$\frac{15}{100}$	0,5	$\frac{5}{100}$	10 %	0,15	5 %
0,05	15 %	$\frac{10}{100}$	$\frac{50}{100}$	50 %	0,1

3 Wie viel Prozent der Figur sind jeweils gefärbt? Ordne die Prozentsätze zu.

a)

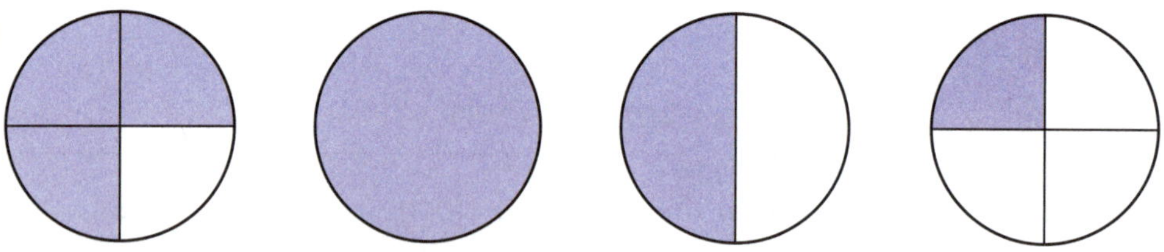

25 %
50 %
75 %
100 %

b)

10 %
20 %
40 %
90 %

4 Färbe den Bruchteil und gib den Prozentsatz an.

a) $\frac{1}{2} = \_\_\_\,\%$

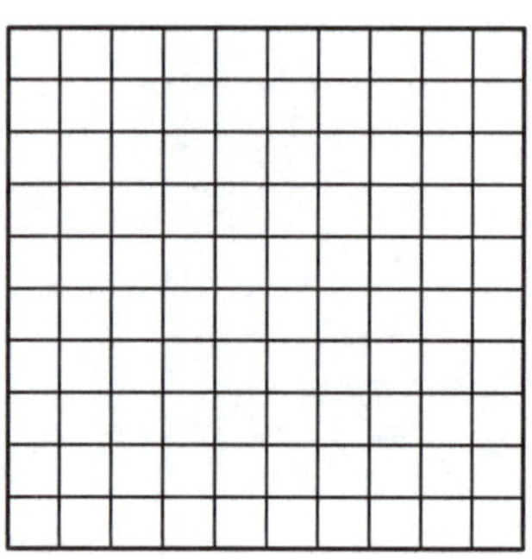

b) $\frac{1}{5} = \_\_\_\,\%$

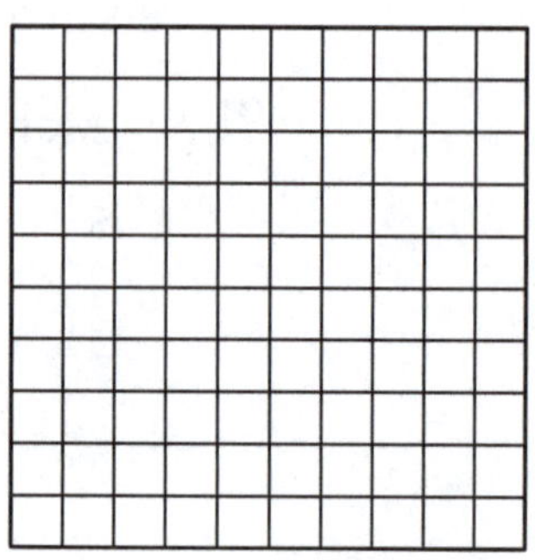

c) $\frac{3}{10} = \_\_\_\,\%$

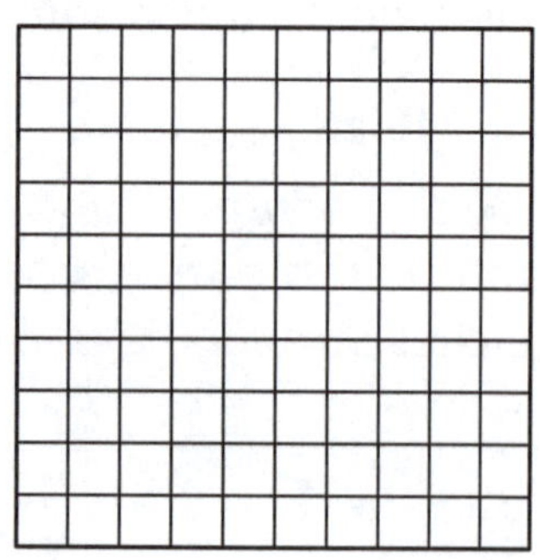

Üben: Sachaufgaben

1 Was ist gesucht? Ordne zu.

Miete bisher: 500 €
Erhöhung in Prozent: 2 %

Erhöhung in Prozent: 5 %
Erhöhung in Euro: 20 €

Miete bisher: 400 €
Erhöhung in Euro: 16 €

Grundwert | Prozentsatz | Prozentwert

2 Der Eintritt in ein Konzert kostet 20 €. Eine ermäßigte Eintrittskarte kostet 15 €.

a) Wie viel Prozent des normalen Eintrittspreises kostet eine ermäßigte Eintrittskarte?

€	%

A: ______________________________

b) Von 250 Besuchern zahlen 24% den ermäßigten Eintrittspreis. Wie viele Besucher sind das?

%	Besucher

A: ______________________________

3 Von einem Fußweg sind 450 m fertig. Das sind 60 % der Gesamtlänge. Wie lang wird der Fußweg?

%	m

A: ______________________________

4 In der Tabelle steht, wie die 600 Beschäftigten eines Betriebs zur Arbeit kommen.

		Beschäftigte
Insgesamt	100 %	600
Mit dem Auto	50 %	
Mit dem Bus	25 %	
Mit dem Fahrrad	20 %	
Zu Fuß	5 %	

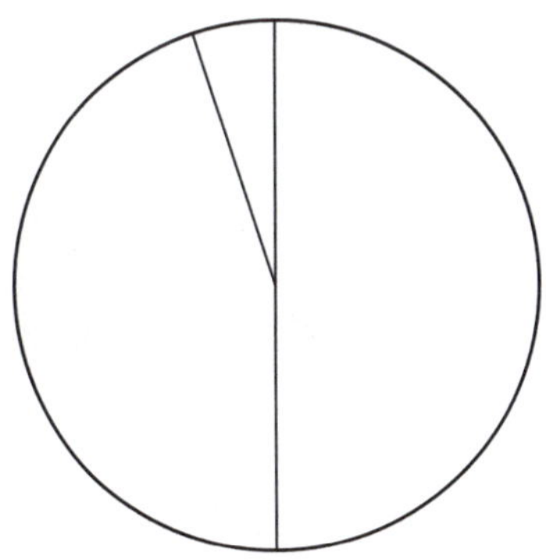

a) Ergänze die fehlenden Zahlen in der Tabelle.

b) Im Kreisdiagramm zur Darstellung der Anteile fehlt eine Linie. Zeichne sie ein. Dann färbe die Teile passend zu den Farben in der Tabelle.

c) Welches Streifendiagramm stellt die Anteile in der Tabelle richtig dar? Kreuze an.

 ○

 ○

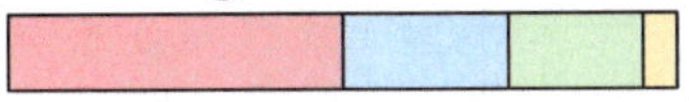 ○

Vermischte Übungen

1 Welcher Bruchteil ist gefärbt? Färbe im Hunderterfeld denselben Bruchteil.

a)

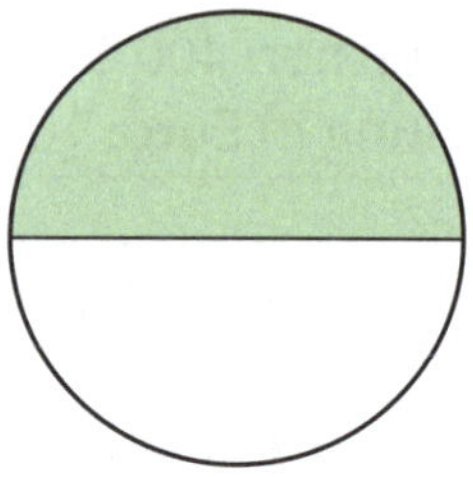

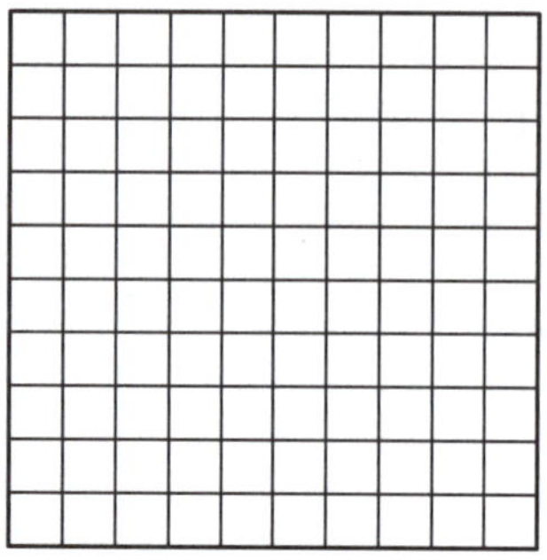

$\frac{\quad}{\quad} = \frac{\quad}{100} = $ ___ %

b)

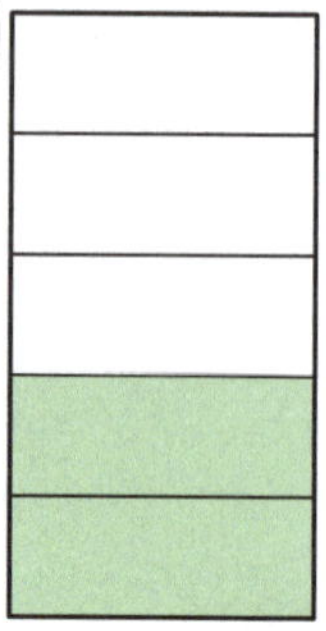

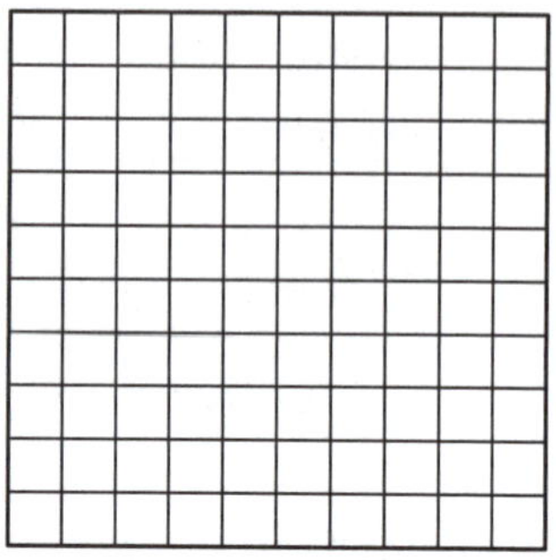

$\frac{\quad}{\quad} = \frac{\quad}{100} = $ ___ %

2 Schreibe zu jedem Prozentsatz den Hundertstelbruch. Kürze so weit wie möglich.

a) $50\,\% = \frac{\quad}{100} = \frac{\quad}{\quad}$ b) $10\,\% = \frac{\quad}{100} = \frac{\quad}{\quad}$ c) $20\,\% = \frac{\quad}{100} = \frac{\quad}{\quad}$ d) $25\,\% = \frac{\quad}{100} = \frac{\quad}{\quad}$

3 Wie viel Euro sind es jeweils?

a) 1 % von 300 € = ______ € b) 1 % von 1 400 € = ______ € c) 1 % von 750 € = ______ €

4 a)

6 % von 500 kg	
%	kg
100	500
1	
6	

b)

9 % von 400 kg	
%	kg

c)

4 % von 2 000 kg	
%	kg

5 a)

	von 400 m	von 360 m
10 %		
25 %		
50 %		

b)

	von 600 €	von 4 000 €
2 %		
3 %		
5 %		

6 Berechne die Verkaufspreise.

a)

Verkaufspreis: ______________________

b)

Verkaufspreis: ______________________

3 Wahrscheinlichkeitsrechnung

1 Klara und Ersin haben dieselbe Münze mehrmals geworfen und die Ergebnisse in zwei Strichlisten festgehalten.

Klara	Zahl	𝍸 𝍸 ǁ
	Bild	𝍸 𝍸 ǁ
Ersin	Zahl	𝍸 𝍸
	Bild	𝍸 𝍸 ǁǁ

a) Erstelle zu den Ergebnissen ein Säulendiagramm.

b) „Zahl gewinnt!“ Wer ist Sieger des Spiels?

A: ______________________________

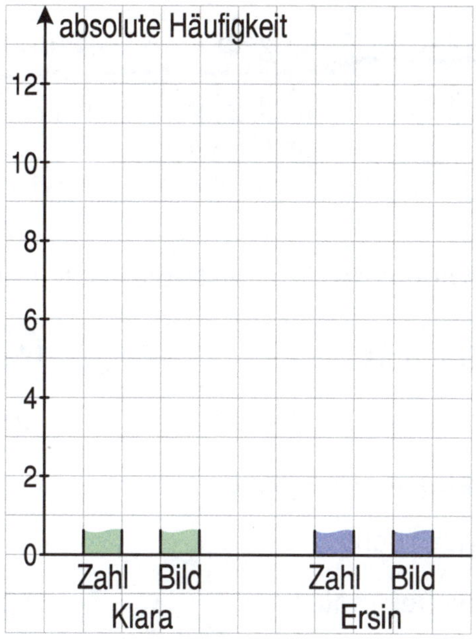

2 Jedes Glücksrad wurde 50-mal gedreht. Vervollständige die Tabellen.

A

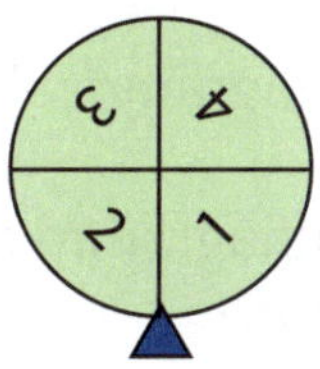

Ergebnis	1	2	3	4
absolute Häufigkeit	12	14	16	8
relative Häufigkeit	$\frac{12}{50}$			

B

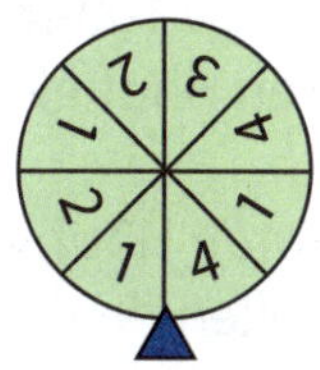

Ergebnis	1	2	3	4
absolute Häufigkeit	18	13	8	11
relative Häufigkeit				

C

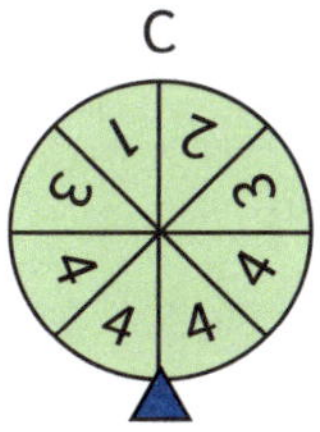

Ergebnis	1	2	3	4
absolute Häufigkeit	6	10	8	26
relative Häufigkeit				

D

Ergebnis	1	2	3	4
absolute Häufigkeit	14	11	18	7
relative Häufigkeit				

Zufallsexperimente auswerten

1 Das Glücksrad wurde 100-mal gedreht. Zu den Ergebnissen wurde eine Strichliste erstellt.

blau	gelb	grün	rot
𝍸 𝍸 𝍸 𝍸 |||	𝍸 𝍸 𝍸 𝍸 𝍸 ||	𝍸 𝍸 𝍸	𝍸 𝍸 𝍸 𝍸 𝍸 𝍸 𝍸

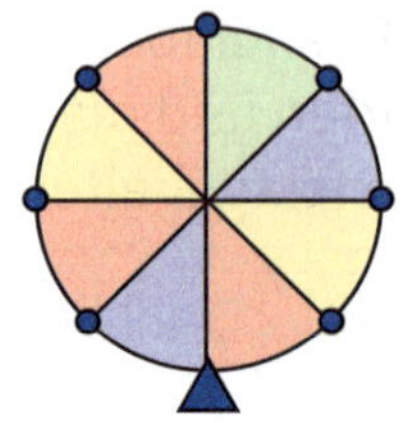

a) Entnimm der Strichliste die absoluten Häufigkeiten und trage sie in die Tabelle ein.

Ergebnis	blau	gelb	grün	rot
absolute Häufigkeit	23			
relative Häufigkeit als Bruch	$\frac{23}{100}$			
als Dezimalbruch	0,23			

b) Die relative Häufigkeit für „blau" ist $\frac{23}{100} = 0{,}23$. Trage auch für die übrigen Ergebnisse die relativen Häufigkeiten als Bruch und als Dezimalbruch in die Tabelle ein.

2 Jedes Gücksrad wurde 100-mal gedreht.
a) Lies die absoluten Häufigkeiten für das Glücksrad A am Balkendiagramm ab und trage sie in die Tabelle ein.
b) Stelle die absoluten Häufigkeiten für das Glücksrad B im Balkendiagramm dar.
c) Trage in die Tabellen die relativen Häufigkeiten der Ergebnisse ein.

Glücksrad A

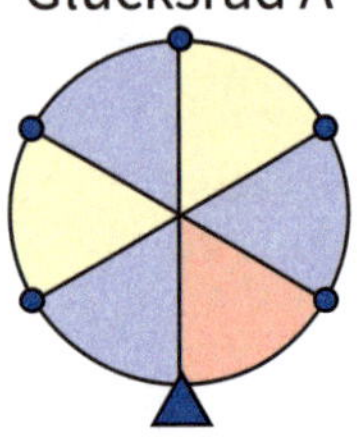

Glücksrad B

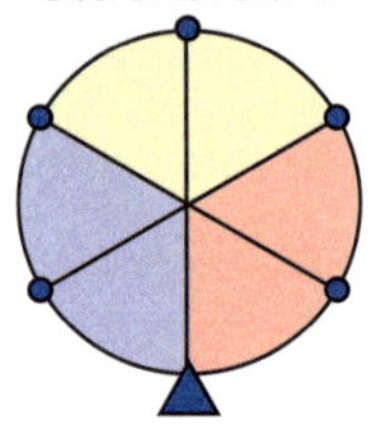

Ergebnis	blau	gelb	rot
absolute Häufigkeit			
relative Häufigkeit			
als Bruch			
als Dezimalbruch			

Ergebnis	blau	gelb	rot
absolute Häufigkeit	33	35	32
relative Häufigkeit			
als Bruch			
als Dezimalbruch			

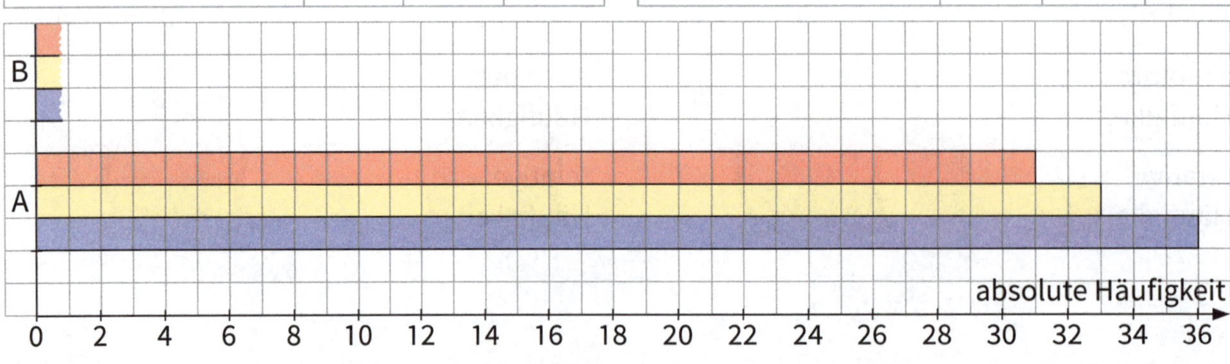

Wahrscheinlichkeiten bestimmen

1 Alle Felder des Glücksrades sind gleich groß.
Adnan dreht das Glücksrad. Dann bleibt das Glücksrad stehen und der Zeiger zeigt auf ein Feld.
Ist das Ereignis sicher, möglich oder unmöglich?
Kreuze an.

	Der Zeiger zeigt auf …	sicher	möglich	unmöglich
a)	… ein gelbes Feld.			
b)	… eine Zahl kleiner als 4.			
c)	… eine Zahl größer als 4.			
d)	… ein blaues Feld mit einer 1.			
e)	… eine Zahl kleiner als 5.			
f)	… ein gelbes Feld mit einer 3.			

2 Du darfst ein Glücksrad wählen. Du gewinnst, wenn der Zeiger nach dem Drehen auf ein rotes Feld zeigt. Welches Glücksrad wählst du? Kreuze an.

A
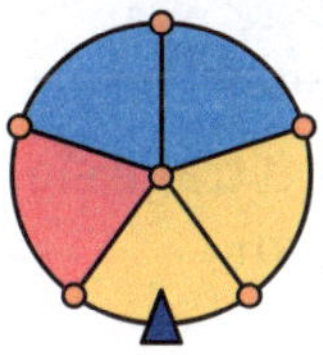
○

B
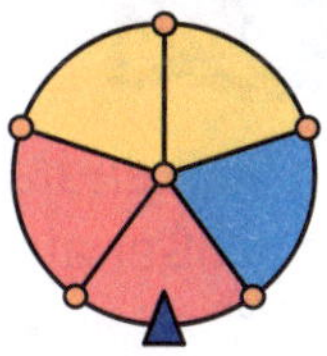
○

C
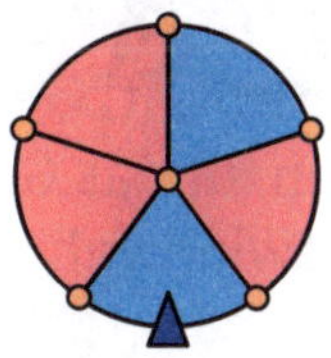
○

D
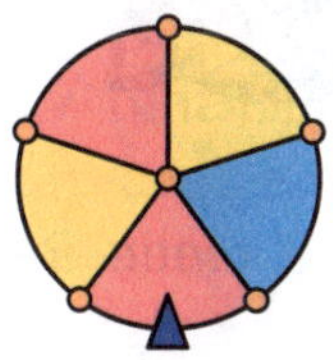
○

3 Wie groß ist die Wahrscheinlichkeit für das Ergebnis *blau*? Trage ein.

a)

___

b)
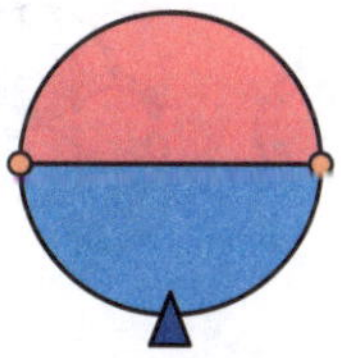
___

c)
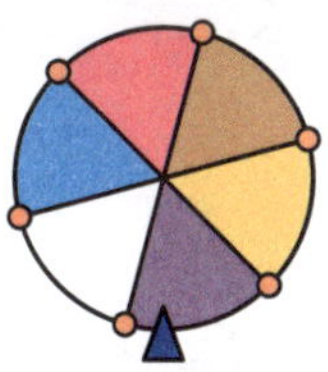
___

d)
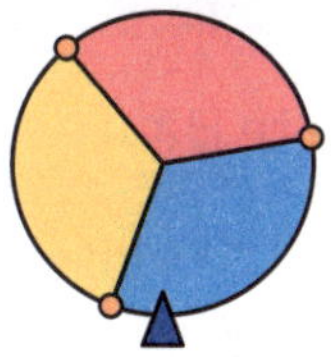
___

4 Du nimmst mit geschlossenen Augen eine Kugel aus dem Beutel.
Wie groß ist die Wahrscheinlichkeit dafür, dass die Kugel rot ist?

a)

___

b)

___

c)

___

d)

___

Wahrscheinlichkeiten bestimmen

1 Du darfst einen Beutel wählen und dann mit geschlossenen Augen eine Kugel ziehen. Du gewinnst, wenn du eine rote Kugel ziehst.

a) Welchen Beutel wählst du? A: ______________________

b) Gib für jeden Beutel die Wahrscheinlichkeit dafür an, dass die gezogene Kugel rot ist.

Beutel 1: $\frac{3}{10}$ Beutel 2: ______ Beutel 3: ______ Beutel 4: ______

2 Hier sind verschiedene Beutel. Du gewinnst, wenn du eine rote Kugel ziehst.
a) Gib für jeden Beutel die Gewinnwahrscheinlichkeit an.

______ ______ ______ ______

b) Nur bei einem Beutel ist die Gewinnwahrscheinlichkeit größer als 50 %. Kreuze an.

3 Aus verschiedenen Beuteln wird eine Kugel gezogen. Ergänze die Wahrscheinlichkeiten in der Tabelle.

		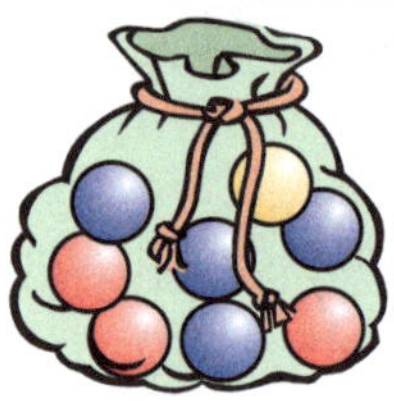	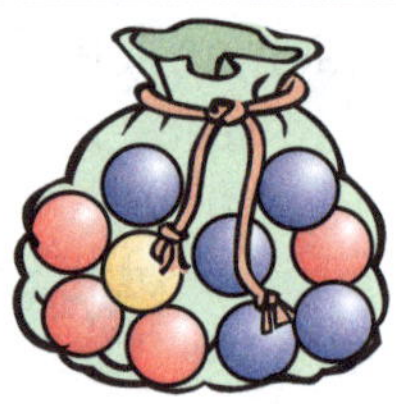	
a)	Die gezogene Kugel ist rot.	$\frac{3}{8}$		
b)	Die gezogene Kugel ist blau.			
c)	Die gezogene Kugel ist gelb.			
d)	Die gezogene Kugel ist blau oder rot.			
e)	Die gezogene Kugel ist nicht rot.			

4 In jedem Beutel sollen nur rote und blaue Kugeln sein. Die Gewinnwahrscheinlichkeit für eine rote Kugel ist jeweils angegeben. Färbe die Kugeln entsprechend.

a) 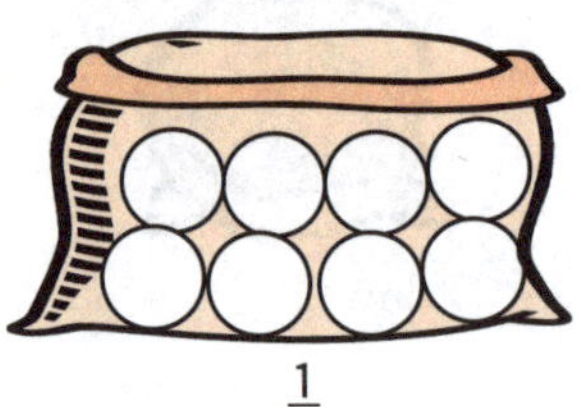

$\frac{1}{2}$

b) 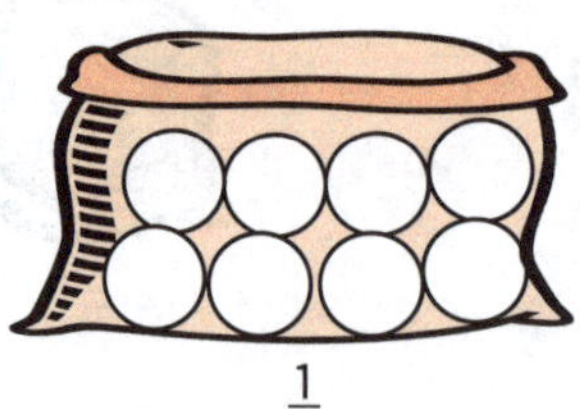

$\frac{1}{4}$

c) 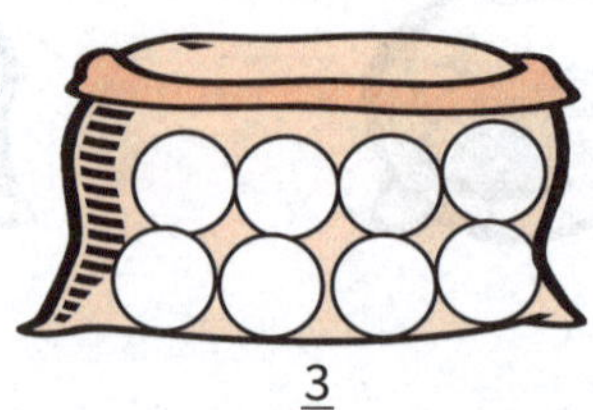

$\frac{3}{4}$

Wahrscheinlichkeiten schätzen

1 Ein Reißnagel fällt immer mit der Spitze nach oben oder mit der Spitze zur Seite auf den Tisch. Die beiden Ergebnisse *Kopf* und *Seite* sind aber nicht gleich wahrscheinlich. Mit einem Experiment bestimmt Lukas die Wahrscheinlichkeit für das Ergebnis *Kopf* ungefähr. Er lässt den Reißnagel auf den Tisch fallen und erstellt eine Tabelle.

Anzahl der Versuche	100	200	500	1 000
Anzahl der Ergebnisse *Kopf*	43	82	212	421
relative Häufigkeit von *Kopf*	$\frac{43}{100} = 0{,}43$	$\frac{82}{200} = 0{,}41$	$\frac{212}{500} = 0{,}42$	$\frac{\quad}{1\,000} =$

a) Ergänze die relative Häufigkeit von *Kopf* bei 1 000 Versuchen.

b) Lukas meint: „Je mehr Versuche, desto besser wird die Wahrscheinlichkeit angenähert. Die Wahrscheinlichkeit für *Kopf* beträgt ungefähr 42 %."
Wie groß ist die Wahrscheinlichkeit für *Seite*?

A: ______________________________

c) Camilla berechnet, wie oft ungefähr bei 5 000 Versuchen und bei 10 000 Versuchen der Reißnagel mit der Spitze nach oben fällt. Ergänze die Rechnung.

Versuche	*Kopf*
1 000	421
5 000	
10 000	

2 Bei diesem Quader tragen die Grundfläche und die Deckfläche die Zahl 1. Auf jeder Seitenfläche steht die Zahl 0. Wenn man mit dem Quader würfelt, sind die Ergebnisse 0 und 1 nicht gleich wahrscheinlich. Fatma und Leon möchten die Wahrscheinlichkeit für das Ergebnis 1 ungefähr bestimmen. Dazu würfeln sie mit dem Quader und erstellen eine Tabelle.

Anzahl der Versuche	100	200	500	1 000
Anzahl der Ergebnisse 1	27	58	140	280
relative Häufigkeit von 1	$\frac{27}{100} =$	$\frac{58}{200} =$		

a) Ergänze die relativen Häufigkeiten in der Tabelle.

b) Wie groß ist ungefähr die Wahrscheinlichkeit für das Ergebnis 1?

A: ______________________________

c) Mit dem Quader wird 10 000-mal gewürfelt. Wie oft tritt ungefähr das Ergebnis 1 auf?

A: ______________________________

Vermischte Übungen

1 Kemal würfelt mit einem Spielwürfel einmal. Ist das Ereignis sicher, möglich oder unmöglich? Kreuze an.

		sicher	möglich	unmöglich
a)	Es wird eine 4 gewürfelt.			
b)	Es wird eine 5 gewürfelt.			
c)	Es wird eine 7 gewürfelt.			
d)	Die gewürfelte Zahl ist kleiner als 13.			
e)	Die gewürfelte Zahl liegt zwischen 2 und 4.			

2 Die Glücksräder werden gedreht.
Trage die Wahrscheinlichkeiten der Ereignisse ein.

		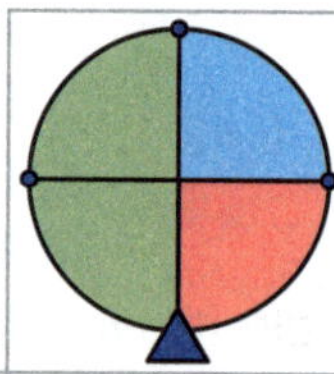	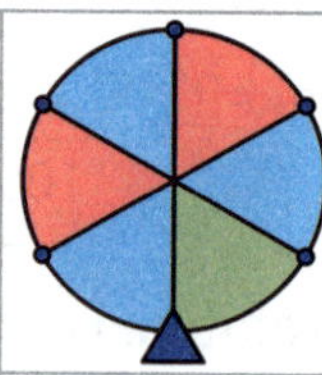	
a)	Der Zeiger zeigt auf ein grünes Feld.	$\frac{2}{4}$	$\frac{1}{6}$	
b)	Der Zeiger zeigt auf ein rotes Feld.			
c)	Der Zeiger zeigt auf ein Feld, das nicht blau ist.			

3 Die Felder der Glücksräder sollen rot oder blau gefärbt werden. Die Wahrscheinlichkeit für rot ist jeweils angegeben. Färbe die Felder entsprechend.

a) 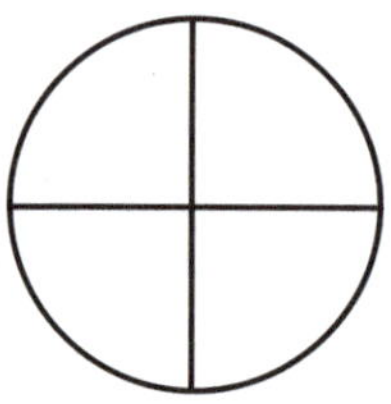
$\frac{3}{4}$

b) 
$\frac{5}{8}$

c) 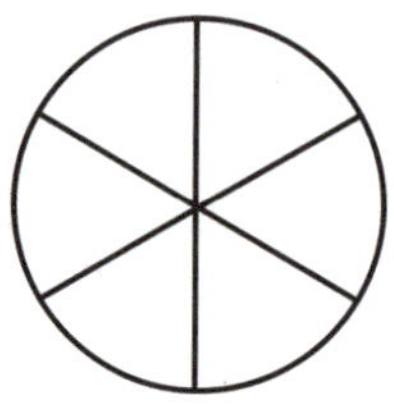
$\frac{1}{6}$

d) 
$\frac{2}{3}$

4 Bei diesem Prisma tragen die Grundfläche und die Deckfläche die Zahl 1. Auf jeder Seitenfläche steht die Zahl 0. Wenn man mit dem Prisma würfelt, sind die Ergebnisse 0 und 1 nicht gleich wahrscheinlich. Timo und Sandra würfeln mit dem Prisma und erstellen eine Tabelle.

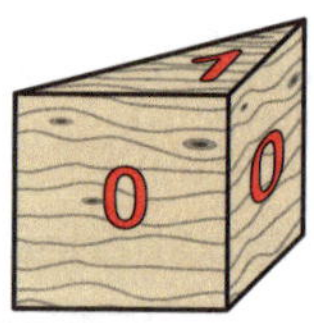

Anzahl der Versuche	100	200	500	1 000
Anzahl der Ergebnisse 1	38	82	200	400
relative Häufigkeit von 1	$\frac{38}{100} = 0{,}38$	$\frac{82}{200} = \frac{}{100} = \_\_$		

a) Ergänze die relativen Häufigkeiten in der Tabelle.
b) Welche Wahrscheinlichkeit ordnest du dem Ergebnis 1 zu?

A: ______________________________

4 Rationale Zahlen

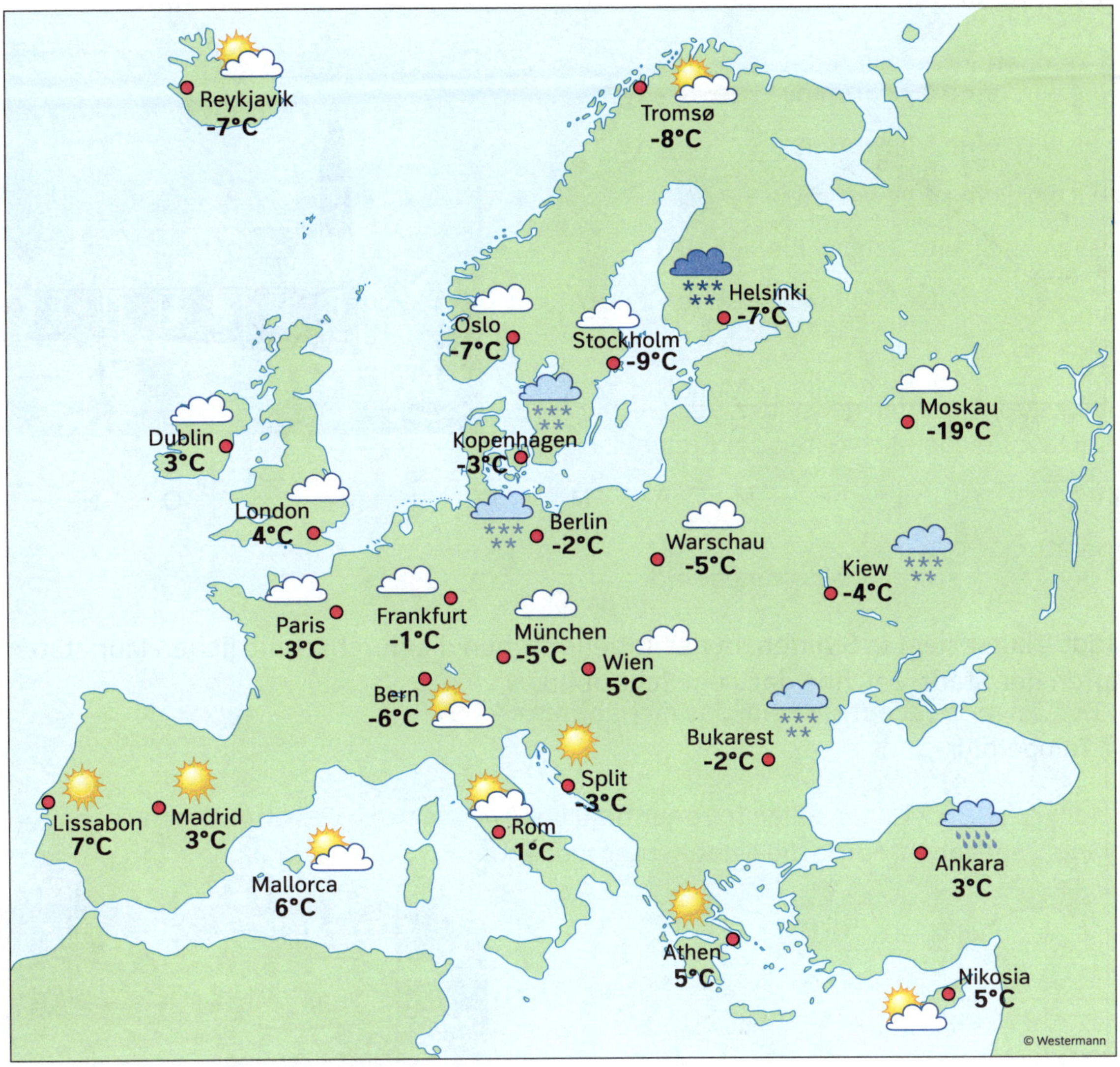

1 Die Wetterkarte zeigt Temperaturen europäischer Städte an einem Wintertag. Trage für die Städte die Temperaturen aus der Karte ein. Dann zeichne dazu die Temperatursäulen ein.

Athen	Helsinki	Moskau	Rom	Paris	München
15 °C	-7 °C	-19 °C	1 °C	-3 °C	-5 °C

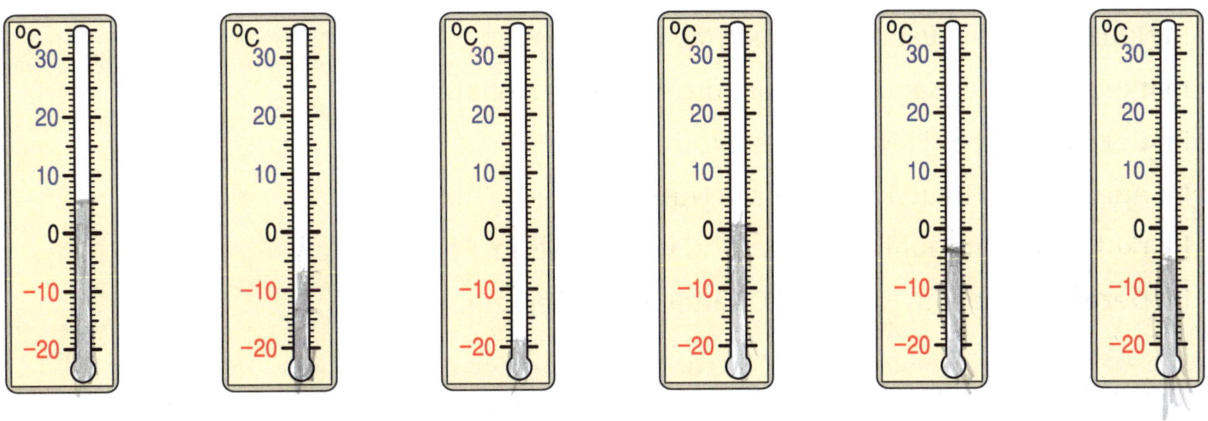

Temperaturvergleiche

1 Nuuk ist die größte Stadt Grönlands. Das Schaubild zeigt die durchschnittlichen Monatstemperaturen der Stadt. Lies die Werte ab und übertrage sie in die Tabelle.

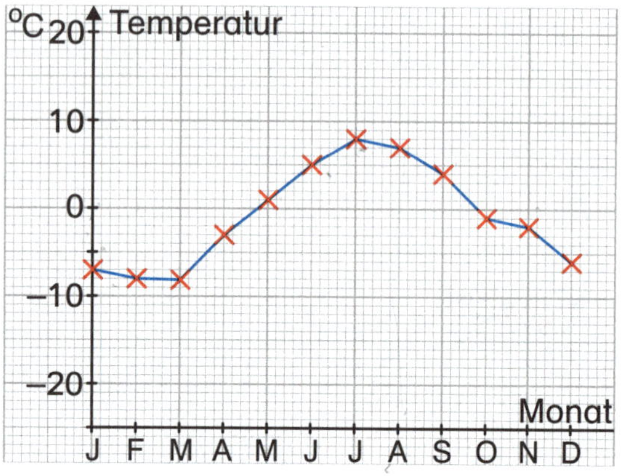

Monat	J	F	M	A	M	J	J	A	S	O	N	D
Temperatur (°C)	-8	-9	-10	-3	1	5	8	7	4	-1	-2	-6

2 Die Stadt Irkutsk liegt in Sibirien. In der Tabelle stehen die durchschnittlichen Monatstemperaturen der Stadt. Zeichne dazu ein Schaubild.

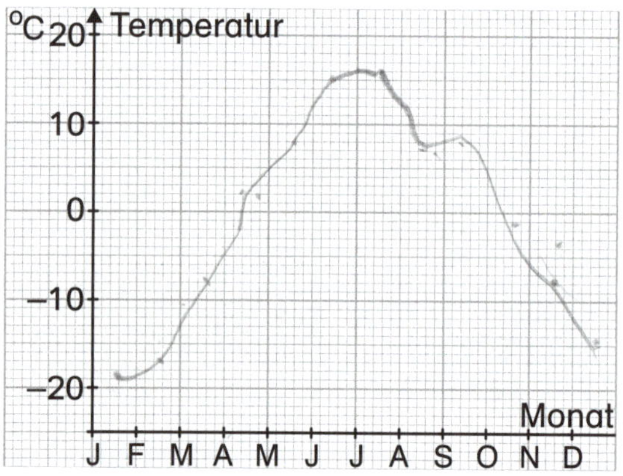

Monat	J	F	M	A	M	J	J	A	S	O	N	D
Temperatur (°C)	–19	–16	–8	2	9	15	15	7	8	–1	–9	–15

3 Wahr oder falsch? Kreuze an.

		wahr	falsch
a)	In Nuuk ist der August der wärmste Monat.		X
b)	In Irkutsk sind Januar und Februar die kältesten Monate.	X	
c)	Im Dezember ist es in Nuuk kälter als in Irkutsk.		X
d)	Im April ist es in Irkutsk kälter als in Nuuk.		X
e)	In Irkutsk ist es im Juni mehr als 30 °C wärmer als im Februar.	X	
f)	Im Dezember ist es in Nuuk 10 °C kälter als im September.	X	

Temperaturvergleiche

1 Ordne die Temperaturen. Beginne mit der höchsten Temperatur. Schreibe die Stadt dazu.

Bukarest – 8 °C	Lissabon 7 °C	Oslo – 10 °C	Berlin – 2 °C

___ °C > ___ > ___ > ___

2 Vergleiche die Temperaturen. Setze ein: <, > oder =.

a) 7 °C ☐ – 11 °C   2 °C ☐ 14 °C

b) 0 °C ☐ – 5 °C   – 6 °C ☐ – 6 °C

c) 6 °C ☐ – 15 °C   7 °C ☐ – 7 °C

d) – 7 °C ☐ – 17 °C   6 °C ☐ – 9 °C

3 Lies die Temperaturen für die beiden Uhrzeiten ab und bestimme den Unterschied.

Kiew
6 Uhr 12 Uhr

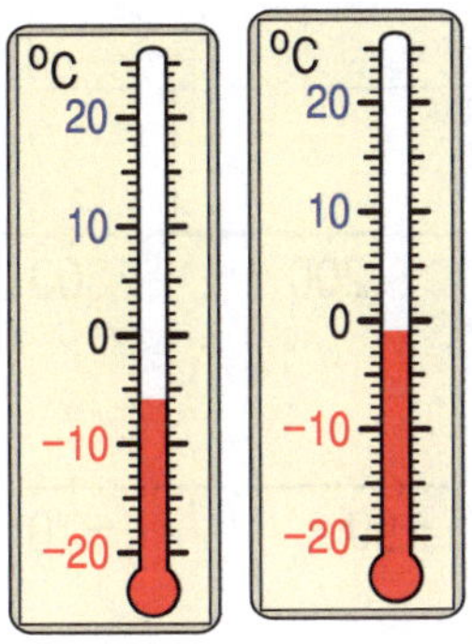

___ °C ___ °C
Unterschied: ___ °C

Riga
6 Uhr 12 Uhr

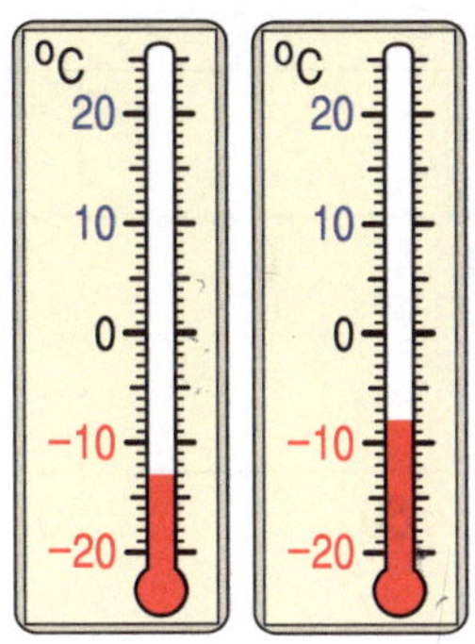

___ °C ___ °C
Unterschied: ___ °C

Bern
6 Uhr 12 Uhr

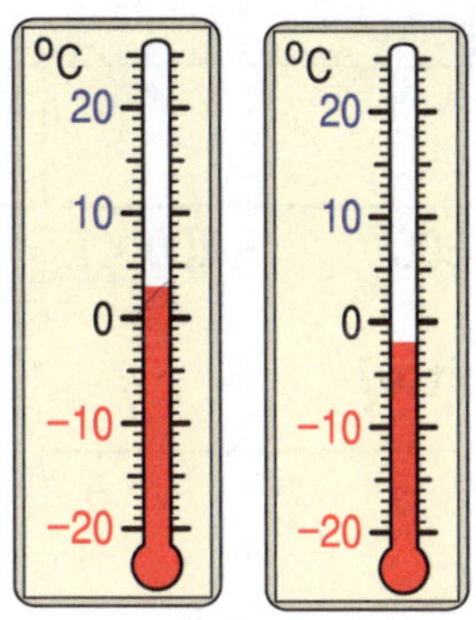

___ °C ___ °C
Unterschied: ___ °C

Sofia
6 Uhr 12 Uhr

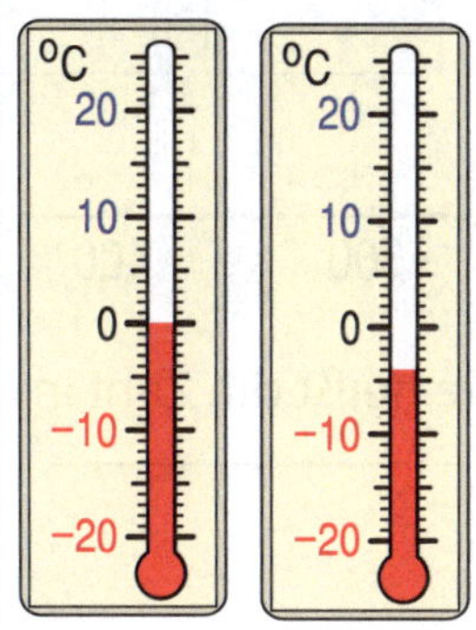

___ °C ___ °C
Unterschied: ___ °C

4 Vervollständige die Tabelle.

Niedrigste Temperatur	5 °C	– 3 °C	– 4 °C	– 6 °C	– 9 °C	– 2 °C	9 °C	– 7 °C
Höchste Temperatur	10 °C	– 1 °C	0 °C	3 °C	2 °C	8 °C	10 °C	2 °C
Unterschied	°C	°C	°C	°C	°C	°C	°C	°C

5 Die Temperatur steigt oder fällt. Zeichne. Bestimme die neue Temperatur. Die Temperatur …

a) … steigt um 4 °C.

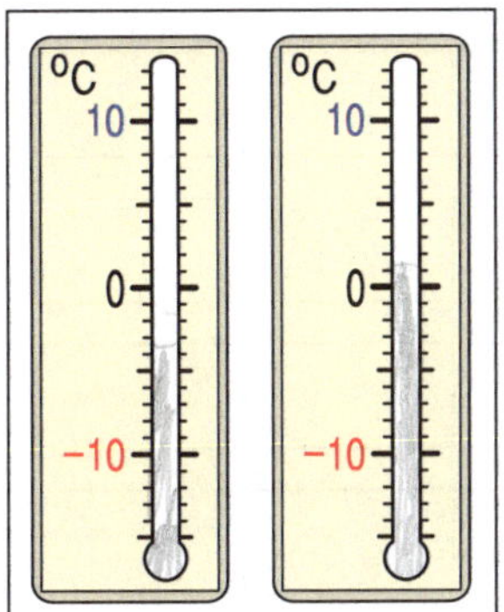

– 3 °C ___ °C

b) … fällt um 6 °C.

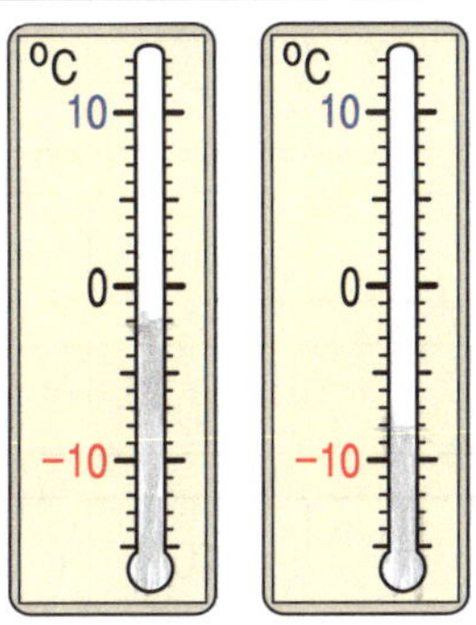

– 2 °C ___ °C

c) … fällt um 5 °C.

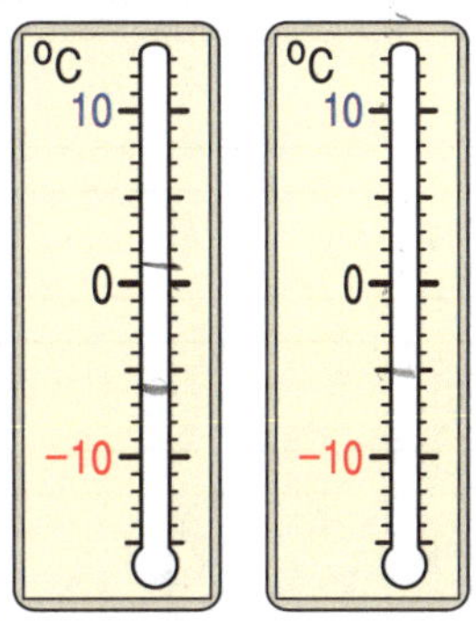

2 °C ___ °C

d) … steigt um 7 °C.

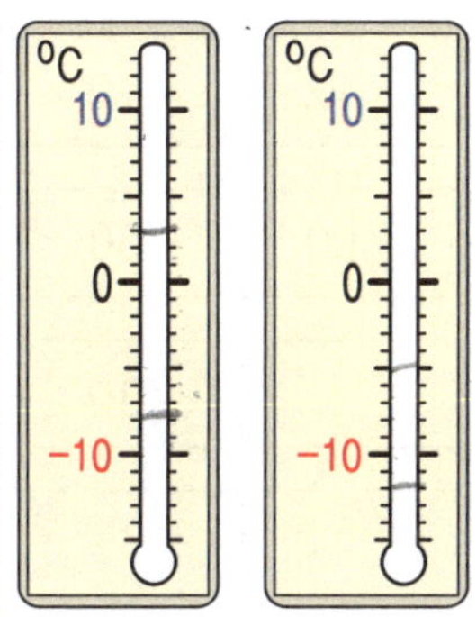

– 3 °C ___ °C

Rationale Zahlen darstellen, vergleichen und ordnen

> Die Zahlen < 0 heißen negative Zahlen. Sie liegen auf der Zahlengeraden links von 0.
> Die Zahlen > 0 heißen positive Zahlen. Sie liegen auf der Zahlengeraden rechts von 0.

1 Ergänze die fehlenden Zahlen.

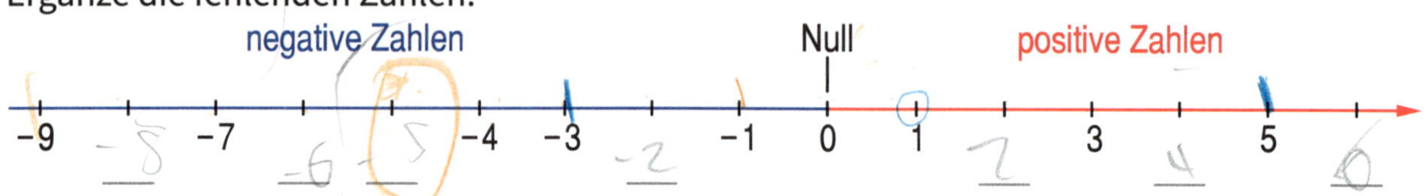

2 Wie heißen die Zahlen?

a)

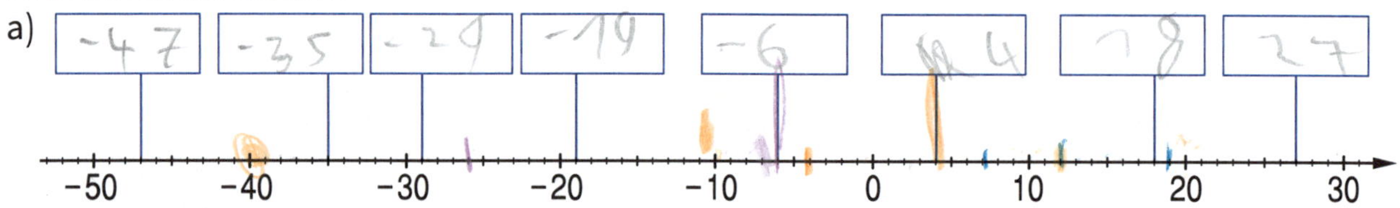

b)

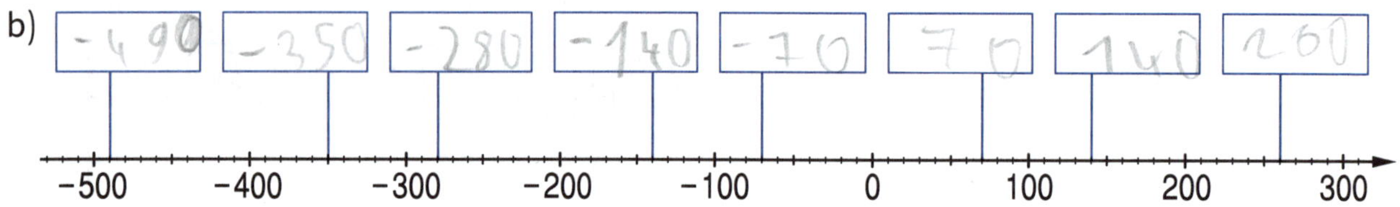

3 Wie heißt die Zahl in der Mitte?

a) −8 … −4 ____
b) −5 … 5 ____
c) −60 … −50 ____
d) −90 … −70 ____
e) −3 … 1 ____
f) −3 … 5 ____
g) −40 … 20 ____
h) −90 … 10 ____

4 Ordne die Zahlen zu.

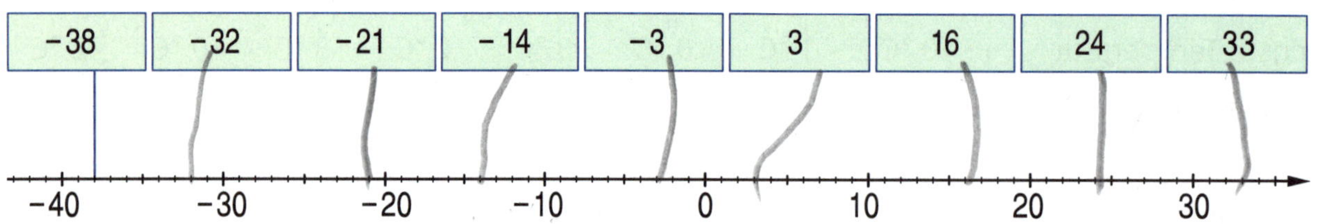

5 Setze die Zahlenreihen fort.

a)	− 12	− 10								
b)	− 60	− 50								
c)		− 30	− 25							
d)						0	40			
e)				− 15	0					

Rationale Zahlen darstellen, vergleichen und ordnen

An der Zahlengeraden kannst du Zahlen vergleichen. Die kleinere Zahl liegt links, die größere Zahl liegt rechts.

1 Kleiner, größer oder gleich? Setze ein: <, > oder =

a) – 30 ☐ – 20
– 30 ☐ – 40

b) – 20 ☐ 0
30 ☐ – 30

c) – 20 ☐ 30
50 ☐ – 20

d) 15 ☐ – 25
0 ☐ – 45

2 Kleiner, größer oder gleich? Setze ein: <, > oder =

a) – 40 ☐ – 20
30 ☐ – 20
30 ☐ – 10
– 20 ☐ – 20

b) – 30 ☐ 0
30 ☐ 0
20 ☐ 0
– 20 ☐ 0

c) – 5 ☐ 5
– 15 ☐ – 15
25 ☐ 5
– 45 ☐ – 25

d) 17 ☐ – 17
– 13 ☐ 13
28 ☐ – 14
– 12 ☐ – 24

3 Ordne die Zahlen. Beginne mit der kleinsten Zahl. Du erhältst ein Lösungswort.

a)

– 30	U
20	T
– 40	G

______

b)

– 8	O
0	L
6	L
– 21	T

______

c)

– 8	P
– 18	S
10	E
13	R
– 16	U

______

4 Ergänze eine passende Zahl. Es gibt mehrere Möglichkeiten.

a)

– 8	>	____
____	<	– 13
–14	>	____
____	<	0

b)

– 12	<	____
____	>	– 26
2	<	____
____	>	– 5

c)

– 31	<	____
____	>	17
– 14	<	____
____	>	– 28

5 Ergänze eine passende Zahl. Es gibt mehrere Möglichkeiten.

a) – 3 < ____ < 6
– 8 < ____ < – 3
– 7 < ____ < – 2

b) 8 > ____ > – 2
2 > ____ > – 5
– 2 > ____ > – 8

c) 0 < ____ < 7
– 7 < ____ < 0
– 4 < ____ < 4

Schulden und Guthaben

1 Frau Meier vergleicht ihre Kontoauszüge.

Datum	Kontostand
12.10.	50 €
14.10.	– 30 €
16.10.	– 45 €
18.10.	– 95 €
20.10.	0 €
21.10.	30 €

Wahr oder falsch? Kreuze an.

	w	f
Am 12.10. waren 50 € Schulden auf dem Konto.		X
Am 18.10. war das Guthaben am höchsten.		X
Am 16.10. hatte das Guthaben die Höhe von 45 €.		X
– 30 € bedeutet 30 € Schulden.	X	
Am 18.10. waren die Schulden am höchsten.	X	
Zwischen dem 12.10. und dem 14.10. wurden 80 € abgebucht.	X	
Zwischen dem 18.10. und dem 20.10. wurden 30 € gutgeschrieben.		X

2 Beachte, ob Geld ausgezahlt oder eingezahlt wird. Ergänze die fehlenden Geldbeträge.

a)

Kontostand (alt)	Auszahlung	Kontostand (neu)
60 €	60 €	0
35 €	40 €	–5
70	20 €	50 €
20	30 € (10)	– 10 € (0)
50 €	70	– 20 €
– 10 €	80	– 90 €

b)

Kontostand (alt)	Einzahlung	Kontostand (neu)
– 20 €	60 €	40
– 70 €	40 €	–30
20	50 €	70 €
–10	40 €	30 €
20 €	40	60 €
– 50 €	10	– 40 €

3 Welche Aufgabe gehört zum Text? Verbinde. Rechne aus.

Jan schuldet seiner Mutter 25 €. Zum Geburtstag bekommt er 30 €.

Auf Katjas Konto sind 25 €. Sie hebt 30 € für ein Geschenk ab.

Tim hat 25 € Schulden. Er leiht sich von seinem Vater 30 € für die Fahrkarte.

Sina hat 25 € gespart. Durch das Austragen von Zeitungen verdient sie 30 € dazu.

A: – 25 € – 30 € = -55

B: – 25 € + 30 € = 5

C: 25 € – 30 € = -5

D: 25 € + 30 € = 55

Addieren und Subtrahieren in vereinfachter Schreibweise

1 Was gehört zusammen? Verbinde Text, Pfeilbild und Aufgabe. Rechne aus.

Die Temperatur am Morgen ist 5 °C. Bis Mittag steigt sie um 4 °C.	In der Nacht ist die Temperatur – 5 °C. Dann steigt die Temperatur um 4 °C.	Die Temperatur am Abend ist – 5 °C. In der Nacht fällt die Temperatur um 4 °C.

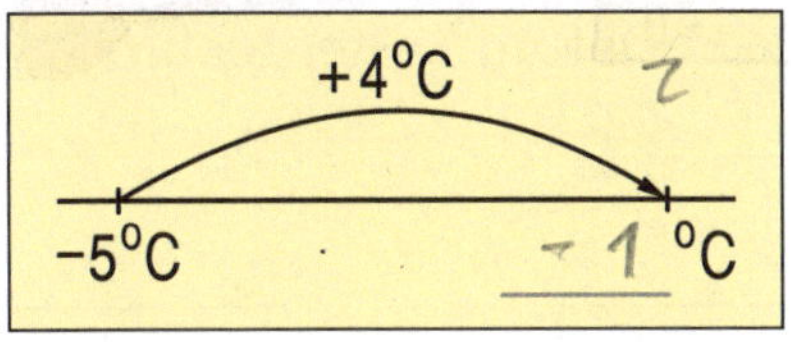

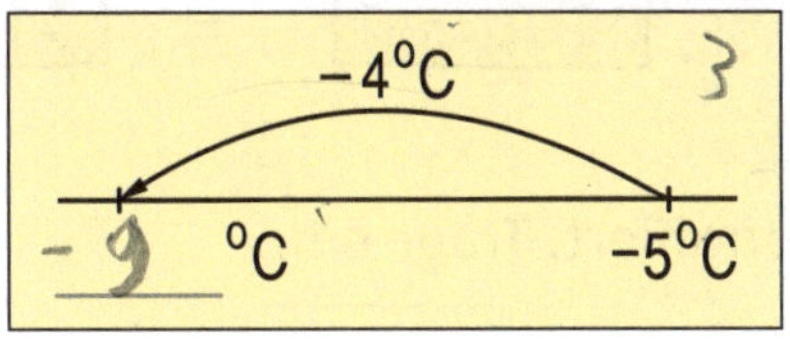

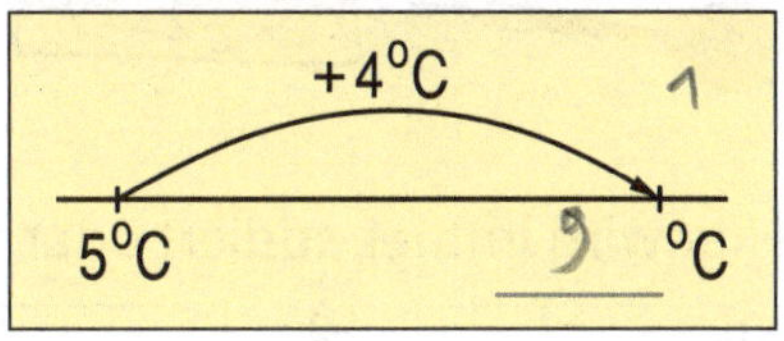

5 + 4 = ____	– 5 + 4 = ____	– 5 – 4 = ____

2 Ergänze das Pfeilbild zur Aufgabe. Rechne aus.

a) 3 – 5 = ____

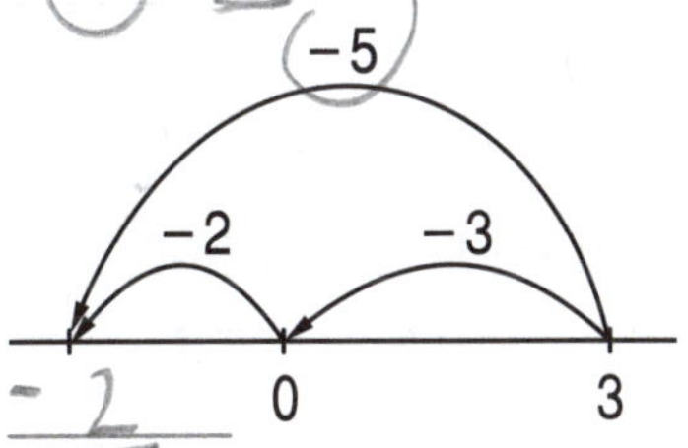

b) 20 – 40 = ____

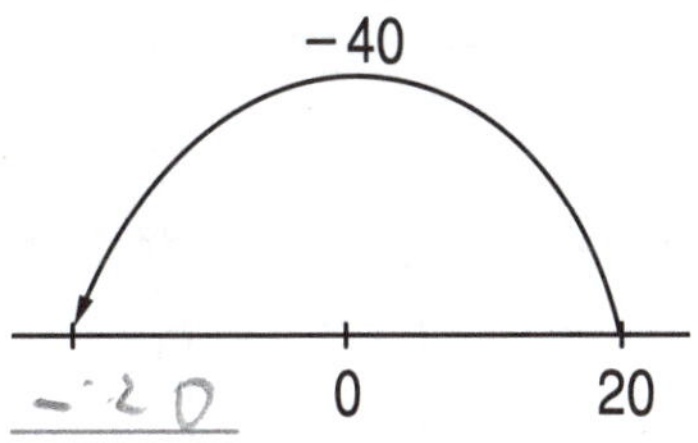

c) 30 – 70 = ____

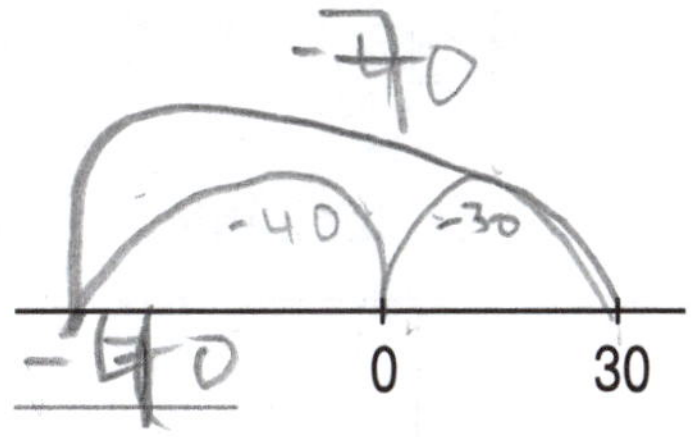

d) – 5 + 9 = ____

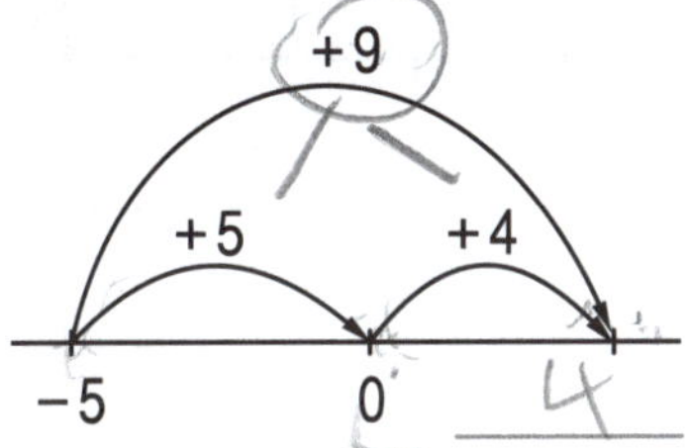

e) – 30 + 50 = ____

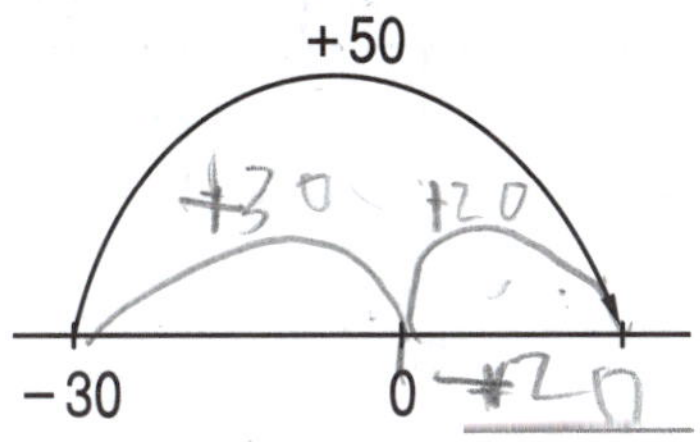

f) – 20 + 80 = ____

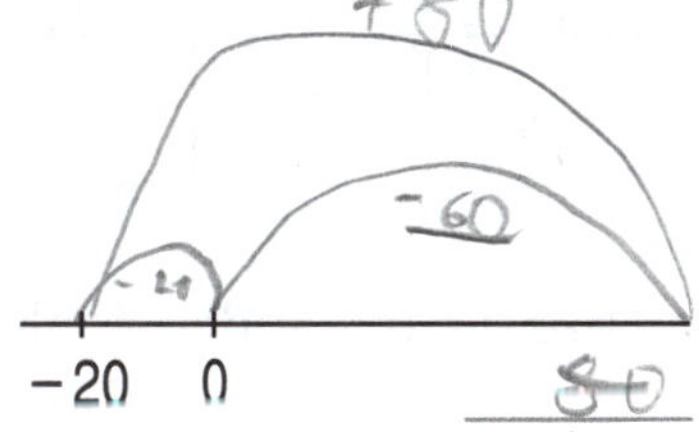

3 Rechne. Ordne den Ergebnissen die Buchstaben zu. Du erhältst ein Lösungswort.

a) 20 + 60 = ____ ____
– 20 + 60 = ____ ____
60 – 40 = ____ ____
– 60 + 40 = ____ ____

b) – 55 + 20 = ____ ____
25 + 40 = ____ ____
20 – 25 = ____ ____
– 30 + 15 = ____ ____

c) – 130 + 20 = ____ ____
– 310 – 80 = ____ ____
– 200 + 50 = ____ ____
– 200 – 40 = ____ ____

– 390	– 240	– 150	– 110	– 100	– 45	– 35	– 5	20	40	65	80
E	A	N	J	L	N	B	N	E	I	O	K

4 Nicht alle Aufgaben wurden richtig gelöst. Streiche die falschen Ergebnisse durch. Berichtige.

a) – 20 + 60 = – 80 ____
30 – 50 = – 20 ____

b) – 35 + 25 = 10 ____
– 25 + 25 = 0 ____

c) 120 – 130 = 10 ____
– 100 – 55 = – 155 ____

Addieren und Subtrahieren in vereinfachter Schreibweise

1 Ordne zu.

2 Hier wird immer addiert oder subtrahiert. Trage ein.

a)	2 → (−3)	− 1	− 9	− 7	0
b)	− 12	− 8	0	− 10	− 1
c)	− 20	0	4	− 10	1
d)	− 50	− 60	20	− 50	− 20

3 Die Summe der Zahlen in zwei nebeneinander liegenden Steinen steht im Stein darüber.

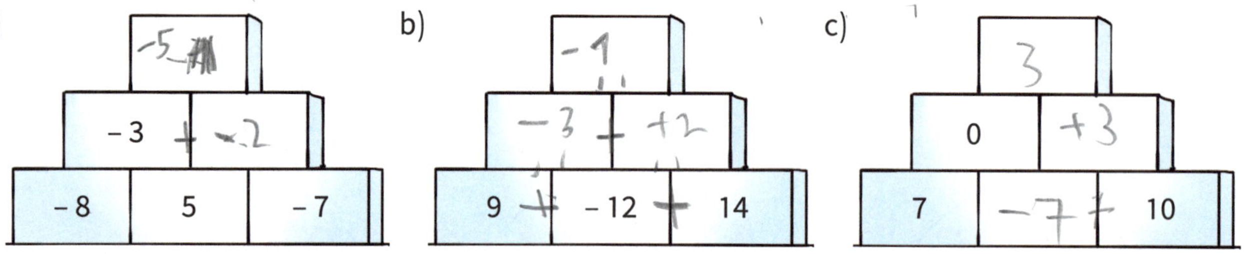

4 Ergänze die fehlenden Zahlen.

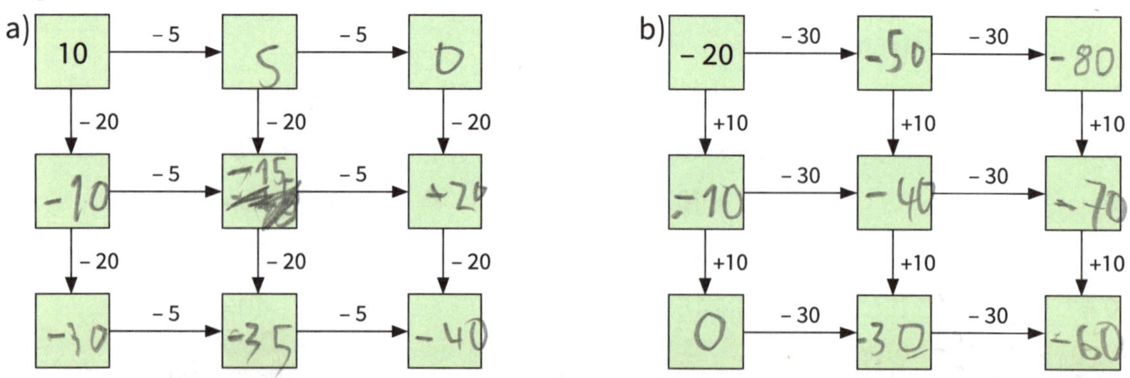

5 Setze das Muster fort.

a) 50 − 60 = ___
60 − 70 = ___
70 − 80 = ___
___ = ___
___ = ___

b) 20 − 60 = ___
30 − 70 = ___
40 − ___ = ___
___ = ___
___ = ___

c) − 10 + 55 = ___
− 20 + 55 = ___
− 30 + ___ = ___
___ = ___
___ = ___

d) − 35 + 45 = ___
− 30 + 40 = ___
− 25 + ___ = ___
___ = ___
___ = ___

Rationale Zahlen multiplizieren und dividieren

1 Ordne die passende Aufgabe zu und rechne aus.

Ich habe 4 mal 8 € Schulden gemacht.

$(-8) : 4 =$ ____

$4 \cdot (-8) =$ ____

Ich habe 8 € Schulden und zahle sie in 4 Raten zurück.

2 Multipliziere.

a) $5 \cdot 7 =$ ____
$5 \cdot (-7) =$ ____

b) $6 \cdot 30 =$ ____
$6 \cdot (-30) =$ ____

c) $6 \cdot 600 =$ ____
$6 \cdot (-600) =$ ____

d) $3 \cdot 0{,}9 =$ ____
$3 \cdot (-0{,}9) =$ ____

3 Dividiere.

a) $24 : 8 =$ ____
$(-24) : 8 =$ ____

b) $350 : 7 =$ ____
$(-350) : 7 =$ ____

c) $480 : 60 =$ ____
$(-480) : 60 =$ ____

d) $3{,}2 : 4 =$ ____
$(-3{,}2) : 4 =$ ____

4 Schreibe neben jedes Ergebnis den zugehörigen Buchstaben.

a) $5 \cdot (-9) =$ ____ ____
$30 \cdot (-3) =$ ____ ____
$30 \cdot (-6) =$ ____ ____
$90 \cdot (-5) =$ ____ ____

b) $(-35) : 7 =$ ____ ____
$(-200) : 2 =$ ____ ____
$(-300) : 5 =$ ____ ____
$(-400) : 8 =$ ____ ____

c) $9 \cdot (-40) =$ ____ ____
$7 \cdot (-90) =$ ____ ____
$(-420) : 60 =$ ____ ____
$(-150) : 50 =$ ____ ____

– 630	– 450	– 360	– 180	– 100	– 90	– 60	– 50	– 45	– 7	– 5	– 3
I	G	K	A	E	R	N	F	P	E	G	W

5 Einige Ergebnisse sind falsch. Berichtige.

a) $(-5) \cdot 3 = -15$ ____
$(-9) \cdot 1 = 9$ ____
$(-7) \cdot 8 = -54$ ____

b) $10 \cdot (-4) = 40$ ____
$0 \cdot (-7) = -7$ ____
$1 \cdot (-1) = -1$ ____

c) $(-20) : 4 = -5$ ____
$(-30) : 1 = -3$ ____
$0 : 1 = -1$ ____

6 Welche Aufgabe passt zum Text? Notiere Frage, Rechnung und Antwort.

Frau Olsen hat 450 € Schulden.
Sie zahlt die Schulden in 6 gleichen Monatsraten zurück.

$(-450) \cdot 6$ | $(-450) : 6$ | $(-6) \cdot 450$

F: ____________________

R: ____________________

A: ____________________

Quadratwurzeln

1 Alle Figuren in dieser Reihe sollen in gleiche kleine Quadrate eingeteilt sein.

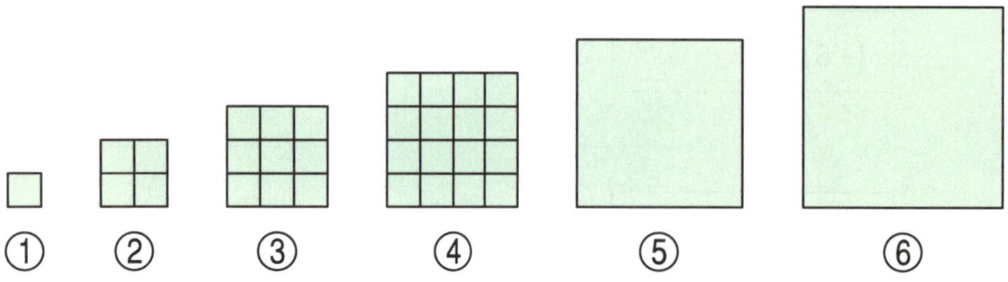

a) Trage in die Tabelle ein, wie viele kleine Quadrate jede Figur enthält.

Nummer der Figur	1	2	3	4	5	6
Anzahl der Quadrate	1	4				

b) Die Reihe wird fortgesetzt. Welche Nummer hat die Figur, die 100 kleine Quadrate enthält?

A: ____________________

> Wenn man eine Zahl mit sich selbst multipliziert, erhält man das Quadrat der Zahl. $3 \cdot 3 = 9$
> $3^2 = 9$

2 Berechne.

a) $9^2 =$ ____ b) $8^2 =$ ____ c) $7^2 =$ ____ d) $4^2 =$ ____ e) $10^2 =$ ____

3 Ein Quadrat hat den Flächeninhalt 36 cm². Wie lang ist eine Seite des Quadrats?

A: ____________________

> Die Quadratwurzel ($\sqrt{}$) aus einer Zahl ergibt mit sich selbst multipliziert diese Zahl. $\sqrt{16} = 4$, denn $4^2 = 16$

4 Trage die fehlenden Zahlen ein.

a) $\sqrt{4}$ = ____, denn ____$^2 = 4$

b) $\sqrt{81}$ = ____, denn ____$^2 =$ ____

c) $\sqrt{64}$ = ____, denn ____$^2 =$ ____

d) $\sqrt{100}$ = ____, denn ____$^2 =$ ____

5 Für viele Zahlen ist die Wurzel keine ganze Zahl. Gib zwei aufeinanderfolgende ganze Zahlen an, zwischen denen die Wurzel liegt.

a) ____ $< \sqrt{7} <$ ____, denn ____$^2 < 7 <$ ____^{2}

b) ____ $< \sqrt{2} <$ ____, denn ____$^2 < 2 <$ ____^{2}

c) ____ $< \sqrt{10} <$ ____, denn ____$^2 < 10 <$ ____^{2}

d) ____ $< \sqrt{30} <$ ____, denn ____$^2 < 30 <$ ____^{2}

Dritte Wurzeln

1 Berechne das Volumen des Würfels.

Rechnung: $5 \cdot 5 \cdot 5 =$ ______

Potenz: $5 \cdot 5 \cdot 5 = 5^3 =$ ______

Volumen: ______ cm^3

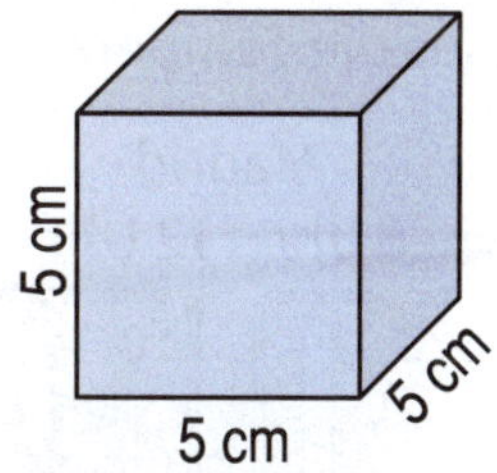

2 Das Volumen des Würfels mit der angegebenen Kantenlänge soll berechnet werden. Vervollständige die Tabelle.

Kantenlänge	a) 2 cm	b) 3 cm	c) 4 cm	d) 5 cm
Rechnung	___ · ___ · ___			
Potenz	2^3			
Volumen	___ cm^3			

3 Ein Würfel hat das Volumen 27 cm^3. Wie groß ist seine Kantenlänge? Die Tabelle hilft dir.

A: ____________________

Die Kubikwurzel ($\sqrt[3]{\ }$) aus einer Zahl ergibt dreimal mit sich selbst multipliziert diese Zahl. $\sqrt[3]{8} = 2$, denn $2^3 = 8$

4 Trage die fehlenden Zahlen ein.

a) $\sqrt[3]{64} =$ ______, denn ______ $^3 =$ ______ · ______ · ______ $= 64$

b) $\sqrt[3]{27} =$ ______, denn ______ $^3 =$ ______ · ______ · ______ $=$ ______

c) $\sqrt[3]{125} =$ ______, denn ______ $^3 =$ ______ · ______ · ______ $=$ ______

5 Nur zwei Aussagen sind wahr. Kreuze die wahren Aussagen an.

$\sqrt[3]{1} = 1$	$\sqrt[3]{81} = 3$	$\sqrt[3]{15} = 5$	$\sqrt[3]{1\,000} = 10$
◯	◯	◯	◯

Zahl	125	216	343	512	729	1000
Kubikwurzel ($\sqrt[3]{\ }$)	5	6	7	8	9	10

$\sqrt[3]{125} = 5$, denn $5^3 = 125$

6 Das Volumen des Würfels ist angegeben. Die Kantenlänge des Würfels kannst du der Tabelle entnehmen. Berechne den Flächeninhalt einer Seitenfläche.

a)

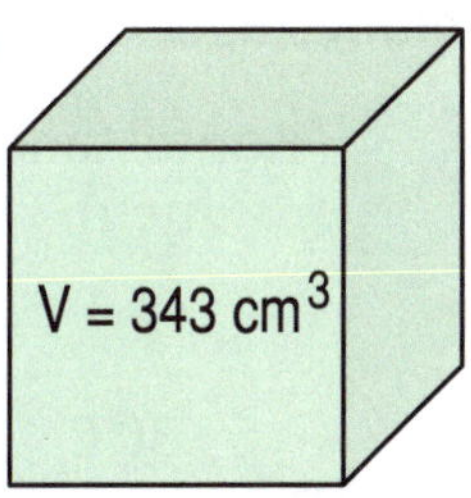

$a = \sqrt[3]{343}$

$a =$ ______

$A = a \cdot a$

$A =$ ______

$A =$ ______ cm^2

b)

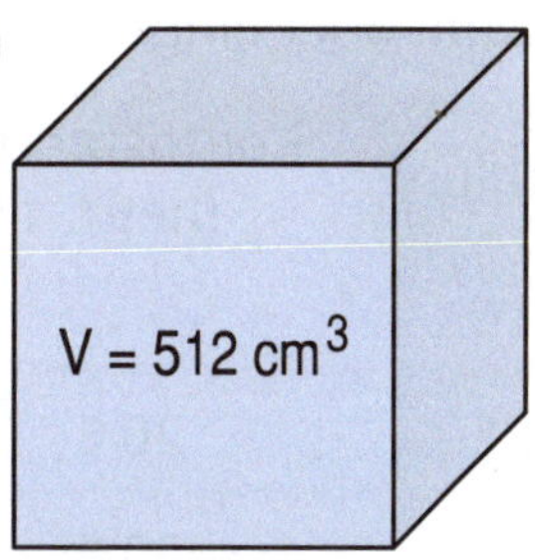

$a = \sqrt[3]{\ \_\_\_\_}$

$a =$ ______

$A =$ ______

$A =$ ______

$A =$ ______ cm^2

Vermischte Übungen

1 Lies die Temperaturen für beide Uhrzeiten ab und bestimme den Unterschied.

Madrid		Ankara		Sofia		Sankt Petersburg	
6 Uhr	12 Uhr	6 Uhr	12 Uhr	6 Uhr	12 Uhr	6 Uhr	12 Uhr

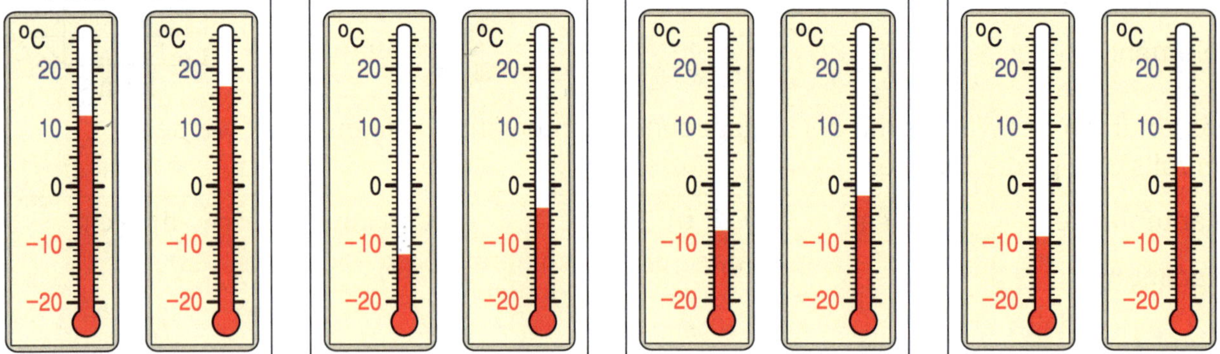

Madrid		Ankara		Sofia		Sankt Petersburg	
12 °C	17 °C	-12 °C	-4 °C	-8 °C	-2 °C	-9 °C	3 °C
Unterschied: 5 °C		Unterschied: 8 °C		Unterschied: 6 °C		Unterschied: 12 °C	

2 Wie heißen die Zahlen?

-51	-37	-28	-19	-8	-1	12	24

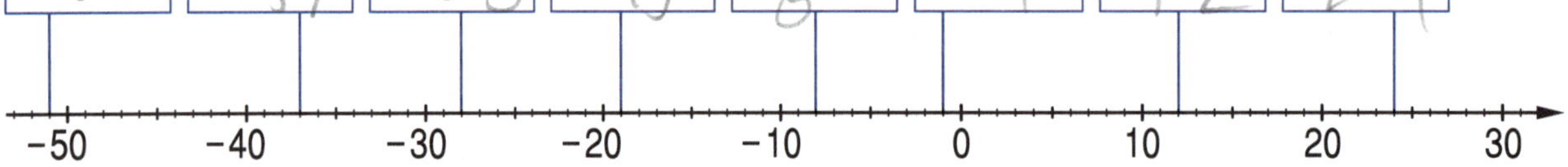

3 Setze die Zahlenreihe fort.

- 14	- 12	-10	-8	-6	-4	-2	0	2	4

4 Ordne die Zahlen. Beginne mit der kleinsten Zahl.

a) - 47 38 53 - 7

-47 < -7 < 38 < 53

b) - 51 12 0 4

-51 < 0 < 4 < 12

c) - 38 - 15 - 12 3

-38 < -15 < -12 < 3

5

a)

	-9	
-8	-7	
3	- 5	- 2

b)

	-7	
3	-10	
7	- 4	- 6

c)

	-2	
-8	6	
- 5	-3	9

6 Beachte, ob Geld ausgezahlt oder eingezahlt wird. Ergänze die fehlenden Geldbeträge.

a)

Kontostand (alt)	Auszahlung	Kontostand (neu)
40 €	50 €	-10
50	30 €	20 €
- 10 €	70	- 80 €

b)

Kontostand (alt)	Einzahlung	Kontostand (neu)
- 30 €	70 €	40
-10	40 €	30 €
- 40 €	+20	- 20 €

5 Ebene Figuren

1 Wie berechnest du den Umfang eines Rechtecks, wie den Flächeninhalt? Ordne zu.

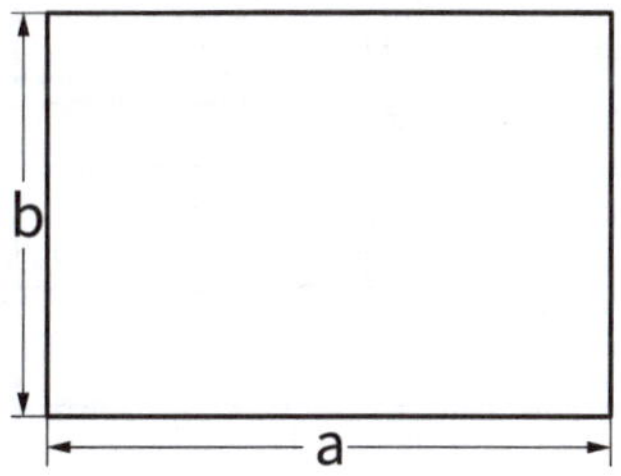

Länge mal Breite

Summe aller Seiten

Flächeninhalt

Umfang

$2 \cdot a + 2 \cdot b$

$a \cdot b$

2 Miss die Seiten a und b. Berechne Umfang und Flächeninhalt des Rechtecks.

a) a = ____ cm, b = ____ cm

$u = 2 \cdot a + 2 \cdot b$

$u = 2 \cdot$ ____ $+ 2 \cdot$ ____

u = ______ cm

$A = a \cdot b$

A = ____ · ____

A = ______ cm^2

b) a = ________, b = ________

u = ____________________

u = ____________________

u = ____________________

A = ____________________

A = ____________________

A = ____________________

c) a = ________, b = ________

u = ____________________

u = ____________________

u = ____________________

A = ____________________

A = ____________________

A = ____________________

3 Ergänze die fehlenden Werte für das Rechteck.

	a)	b)	c)	d)	e)	f)
Länge (a)	2 cm	5 cm	8 cm	10 cm	10 cm	
Breite (b)	7 cm	8 cm				5 cm
Flächeninhalt (A)			16 cm^2	40 cm^2		
Umfang (u)					40 cm	30 cm

4 Ein Quadrat hat den Flächeninhalt 9 cm^2. Wie lang sind die Seiten des Quadrats? Wie groß ist sein Umfang?

A: ____

5 Ein Quadrat hat den Umfang 24 cm. Wie lang sind die Seiten des Quadrats?

A: ____

Flächeninhalt und Umfang eines Rechtecks

1 Umfang (u) oder Flächeninhalt (A)? Was muss berechnet werden?

		Umfang	Flächeninhalt
a)	Ein Zimmer wird mit Teppichboden ausgelegt.		
b)	Die Wand einer Fabrikhalle wird gestrichen.		
c)	Ein Baugrundstück wird mit einem Sicherheitszaun umgeben.		
d)	Der Sportverein benötigt Rollrasen für das Fußballfeld.		
e)	Ein Bild erhält einen Rahmen aus Holzleisten.		
f)	Ein Getreidefeld wird gedüngt.		

2 Familie Özkan hat einen Garten gepachtet.

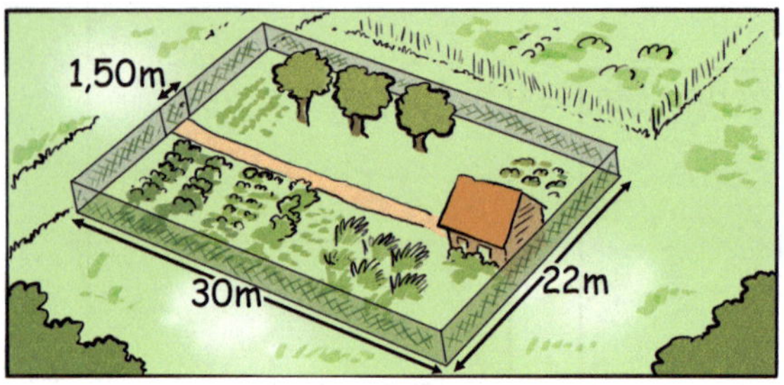

a) Berechne die Fläche des Gartens. Fläche des Gartens: ______

b) Berechne die Länge des Zaunes ohne das 1,50 m breite Tor. Zaunlänge: ______

3 Familie Berg plant einen Ausbau der Terrasse.

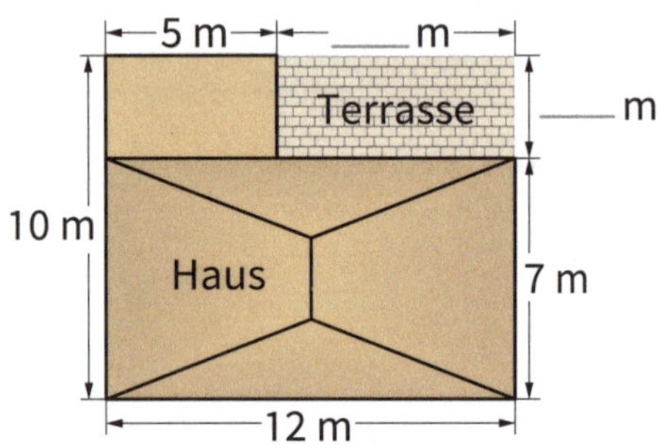

a) Ergänze die fehlenden Maße im Plan.

b) Berechne die Fläche der Terrasse. Fläche der Terrasse: ______

c) Jede Seite der Terrasse wird um 1 m verlängert. Schreibe die neuen Maße auf, dann berechne die neue Fläche.

Neue Länge: ______ Neue Breite: ______ Neue Fläche: ______

4 Wie viel Euro kostet der Teppichboden für das Wohnzimmer?

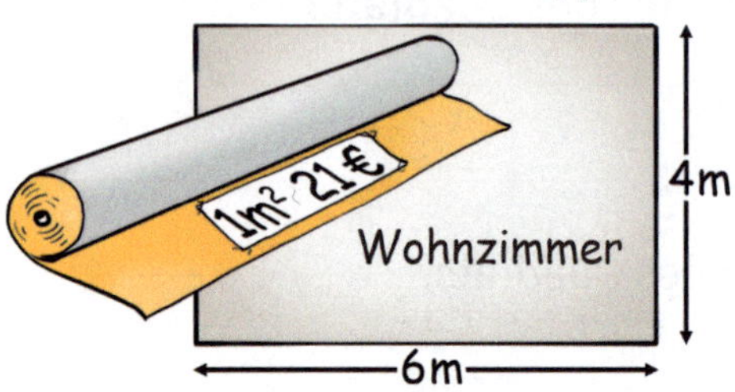

A: ______

Flächeninhalt eines Parallelogramms

1 Tina hat ein Parallelogramm zerschnitten. Aus den Teilen hat sie ein Rechteck gelegt.

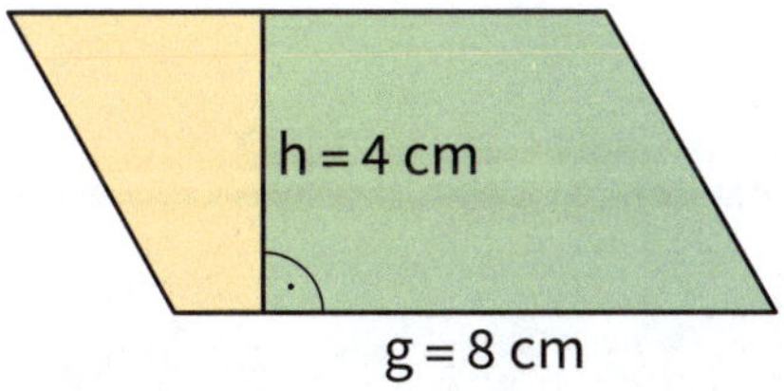

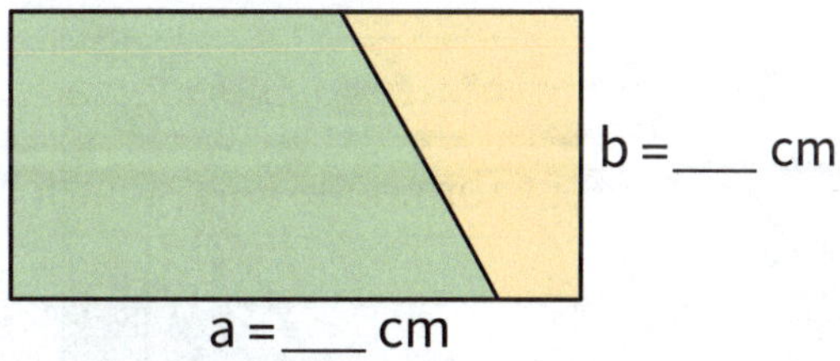

Wie lang sind die Seiten a und b des Rechtecks? Trage ein. Dann ergänze den Text.

a) Die Grundseite g des Parallelogramms ist genauso lang wie die Seite ___ des Rechtecks.

b) Die Höhe h des Parallelogramms ist genauso lang wie die Seite ___ des Rechtecks.

c) Der Flächeninhalt des Parallelogramms ist genauso groß wie der Flächeninhalt des

______________________ .

2 Zeichne die Höhe ein. Miss Grundseite und Höhe. Berechne den Flächeninhalt.

a) g = ___ cm, h = ___ cm

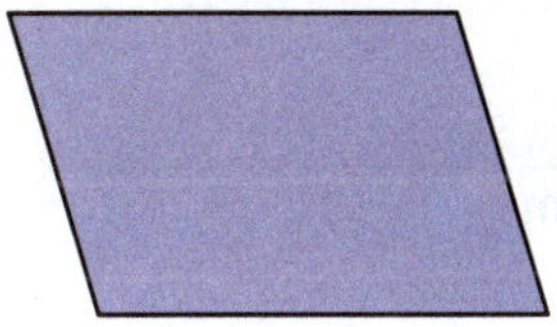

A = g · h

A = ___ · ___

A = ______ cm²

b) g = ___ cm, h = ___ cm

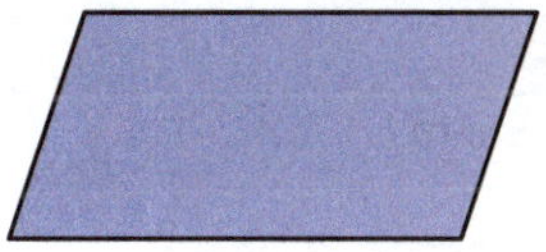

A = ______________

A = ______________

A = ______________

c) g = ___ cm, h = ___ cm

A = ______________

A = ______________

A = ______________

3 Berechne den Flächeninhalt der Parallelogramme. Was fällt dir auf?

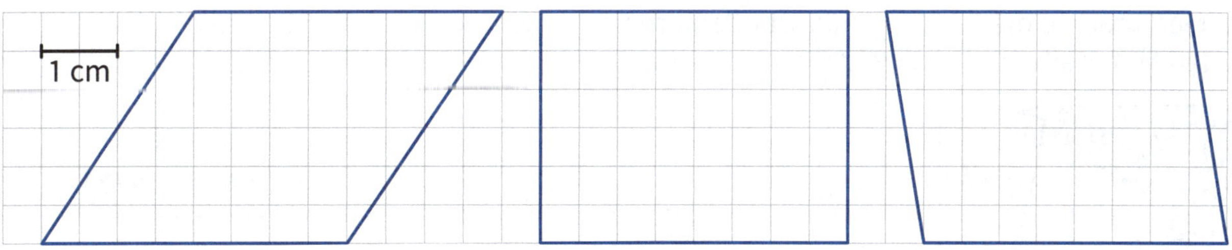

A = ______________   A = ______________   A = ______________

A = ______________   A = ______________   A = ______________

A = __________ cm²   A = ______________   A = ______________

A: ____

4 Ergänze den fehlenden Wert für das Parallelogramm.

	a)	b)	c)	d)	e)	f)
Grundseite (g)	2 cm	15 cm	40 cm	3 cm		
Höhe (h)	6 cm	3 cm	50 cm		4 cm	5 cm
Flächeninhalt (A)				6 cm²	8 cm²	10 cm²

Flächeninhalt und Umfang eines Parallelogramms

1 Berechne Umfang und Flächeninhalt der Wiese.

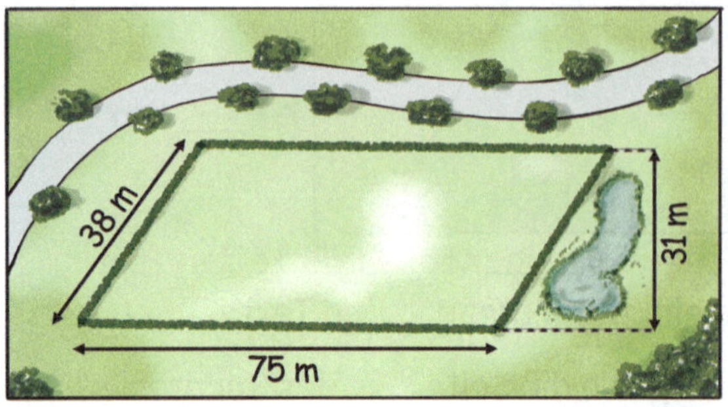

u = ____________ A = ____________

2 Berechne die Größe der Parkplätze.

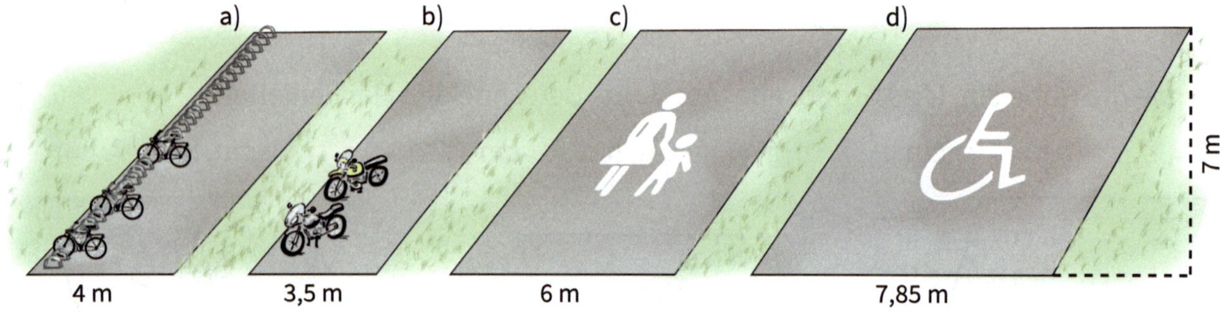

A = ____________ A = ____________ A = ____________ A = ____________

3 Herr Merl möchte die Garageneinfahrt pflastern und rund herum mit Kantsteinen einfassen. Um den Materialbedarf zu ermitteln, hat er eine Skizze der Einfahrt angefertigt.

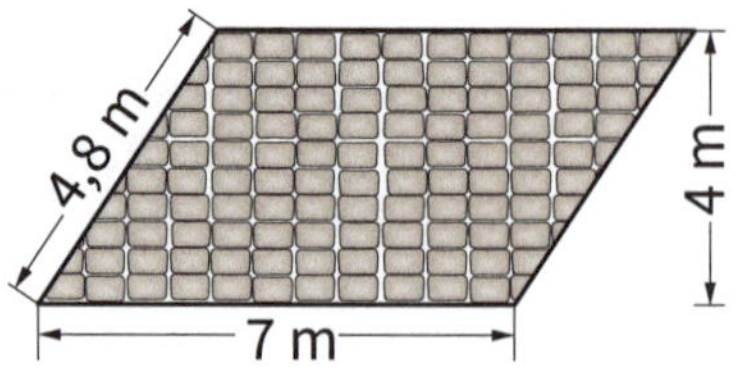

Pflastersteine
1 m² kostet 25,95 €.

Kantsteine
1 m kostet 9,90 €.

a) Wie viel m² Pflastersteine werden benötigt?

A: ____________

b) Wie viel m Kantsteine werden benötigt?

A: ____________

c) Wie hoch sind die gesamten Materialkosten?

A: ____________

Flächeninhalt eines Dreiecks

1

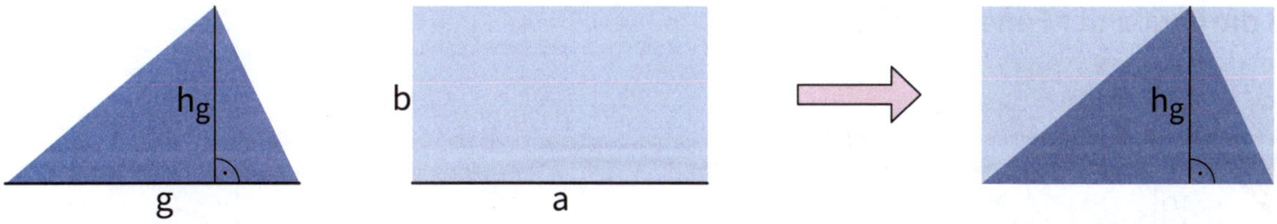

Ein Dreieck und ein Rechteck aus Transparentpapier liegen übereinander. Ergänze den Text.

a) Die Grundseite g des Dreiecks ist genauso lang wie die Seite ____ des Rechtecks.

b) Die Höhe h_g des Dreiecks ist genauso lang wie die Seite ____ des Rechtecks.

c) Der Flächeninhalt des ____________ ist halb so groß wie der Flächeninhalt des ____________.

2 Berechne den Flächeninhalt des Dreiecks.

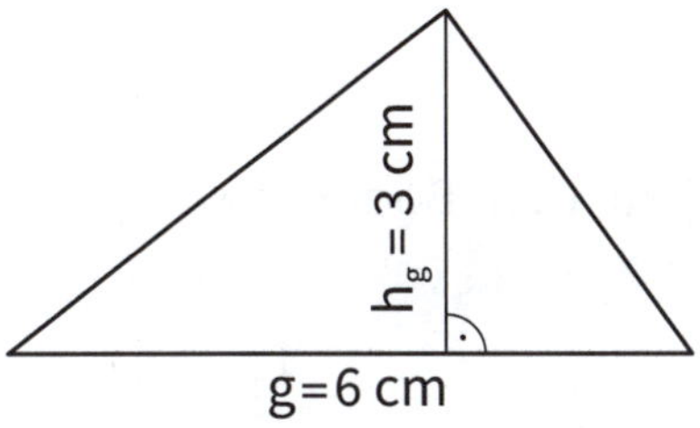

$A = \frac{g \cdot h_g}{2}$

$A = \frac{\quad \cdot \quad}{2}$

A = ________ cm^2

3 Zeichne die Höhe ein. Miss Grundseite und Höhe. Berechne den Flächeninhalt des Dreiecks.

a) g = ____ cm, h = ____ cm b) g = ____ cm, h = ____ c) g = ____ cm, h = ____ cm

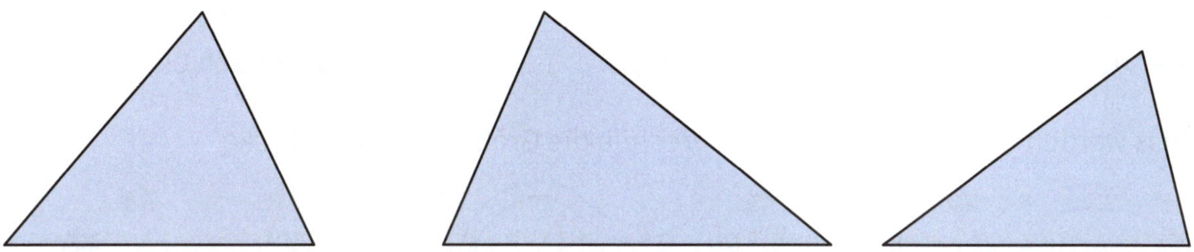

a)
A – $\frac{g \cdot h_g}{2}$

$A = \frac{\quad \cdot \quad}{2}$

A = ________ cm^2

b)
Λ ■ ____________________

A = ____________________

A = ____________________

c)
A – ____________________

A = ____________________

A = ____________________

4 Berechne den Flächeninhalt der Dreiecke. Was fällt dir auf?

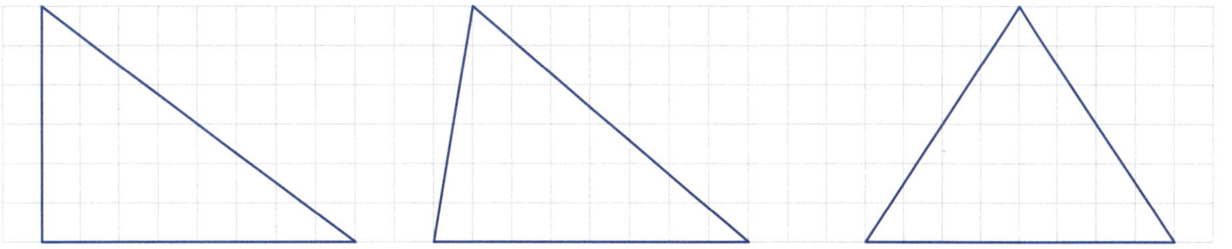

$A = \frac{g \cdot h_g}{2}$

$A = \frac{\quad \cdot \quad}{2}$

A = ________ cm^2

A = ____________________

A = ____________________

A = ____________________

A = ____________________

A = ____________________

A = ____________________

A: ____

Flächeninhalt und Umfang eines Dreiecks

1 Berechne die Größe der Fensterflächen.

a)

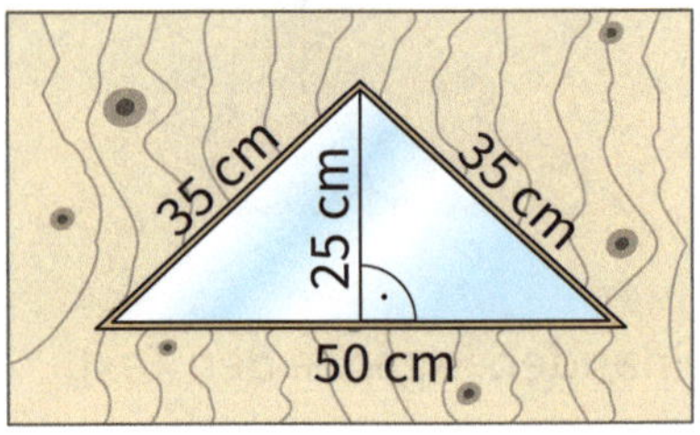

A = ______________

b)

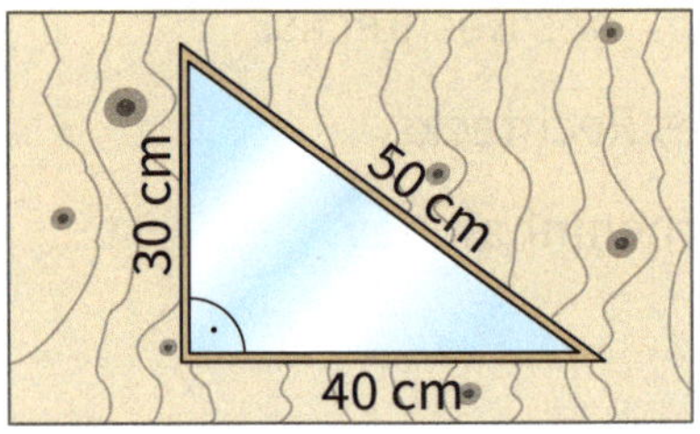

A = ______________

2 Berechne die fehlende Angabe für die Regatta.

a) auf der Ostsee

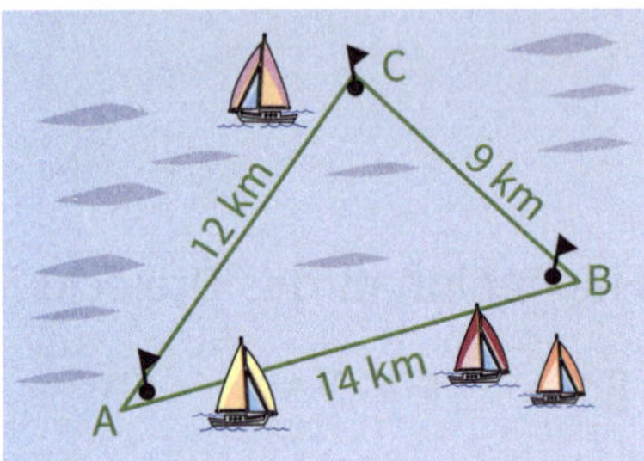

Gesamtlänge: ____________

b) auf der Nordsee

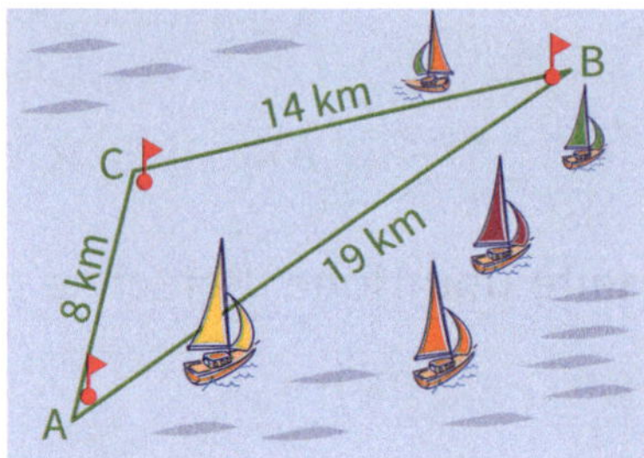

Gesamtlänge: ____________

c) auf dem Bodensee

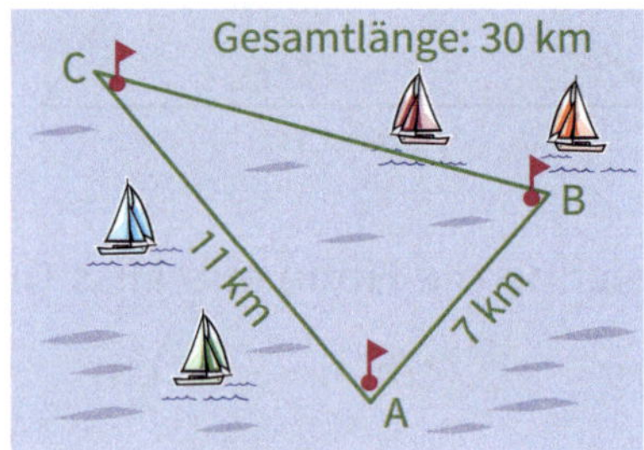

Von B nach C: ____________

3 Am Fluss werden Grundstücke bebaut. Berechne die Größe der Grundstücke.

a)

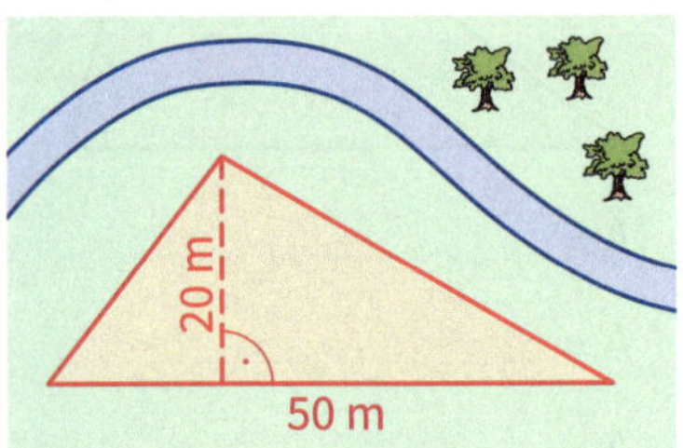

Grundstücksgröße : ______

b)

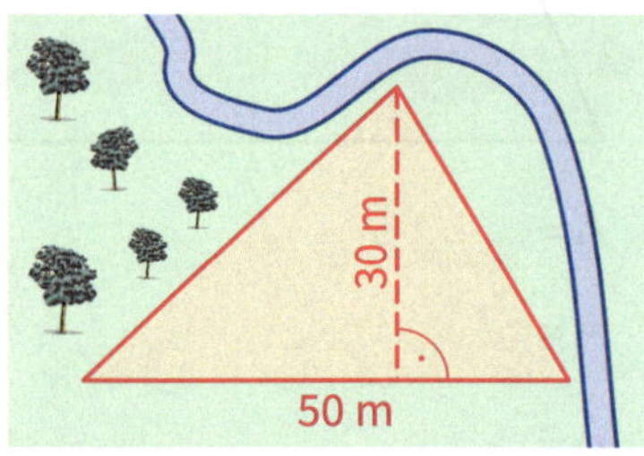

Grundstücksgröße : ______

c)

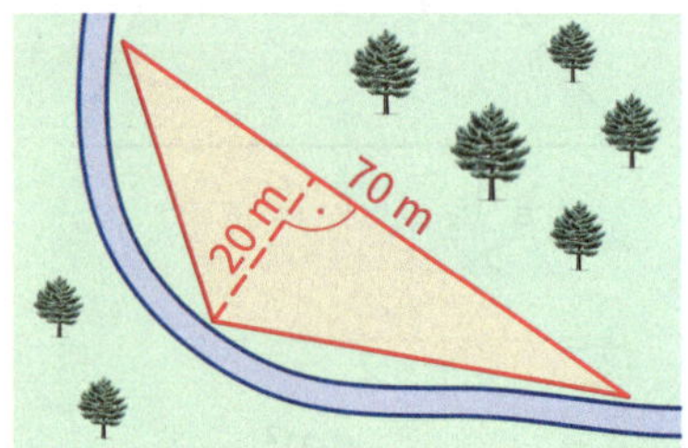

Grundstücksgröße : ______

4 Berechne den Flächeninhalt der Dreiecke.

	a)	b)	c)	d)	e)	f)
Grundseite g	2 cm	15 cm	40 cm	30 cm	80 cm	100 cm
Höhe h_g	7 cm	8 cm	70 cm	6 cm	40 cm	50 cm
Flächeninhalt A						

Flächeninhalt eines Trapezes

1 Jan hat 2 deckungsgleiche Trapeze zu einem Parallelogramm zusammengelegt.

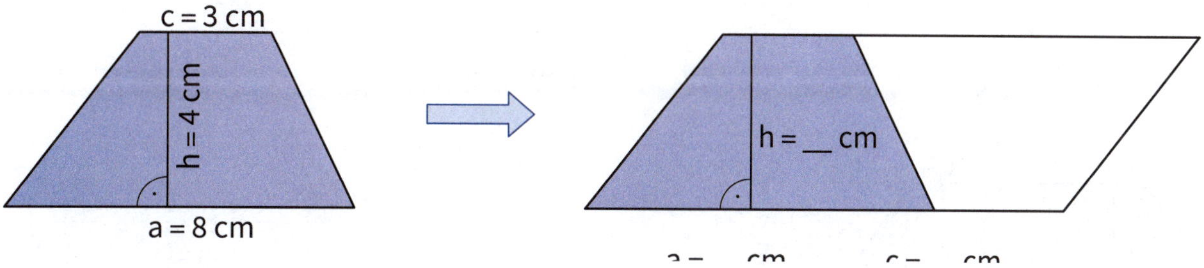

Trage im Parallelogramm die fehlenden Werte für a, c und h ein. Dann ergänze den Text.

Die Höhe h des Parallelogramms ist genauso lang wie die Höhe h des ______________ .

Die Grundseite g des Parallelogramms ist so lang wie die Summe der Seiten ______________ des Trapezes.

Der Flächeninhalt des Trapezes ist halb so groß wie der Flächeninhalt des ______________ .

2 Berechne den Flächeninhalt des Trapezes.

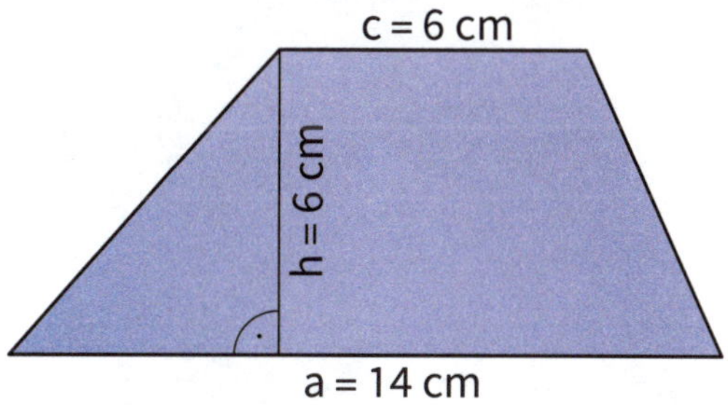

$A = \frac{(a + c) \cdot h}{2}$

$A = \frac{(14 + \quad) \cdot \quad}{2}$

$A = \_\_\_\_\_ \text{ cm}^2$

3 Zeichne die Höhe ein. Miss die Seiten a und c und die Höhe.
Berechne den Flächeninhalt des Trapezes.

a) a = ____ cm
c = ____ cm
h = ____ cm

b) a = ____ cm
c = ____ cm
h = ____ cm

c) a = ____ cm
c = ____ cm
h = ____ cm

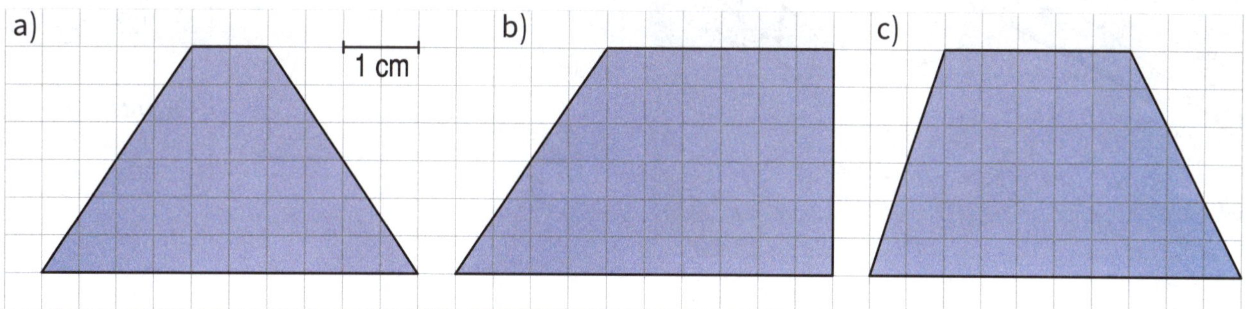

a) $A = \frac{(a + c) \cdot h}{2}$

$A = \frac{(\quad + \quad) \cdot \quad}{2}$

$A = \_\_\_\_\_ \text{ cm}^2$

b) A = ______________

A = ______________

A = ______________

c) A = ______________

A = ______________

A = ______________

Flächeninhalt und Umfang eines Trapezes

1 Ein Teil des Giebels wird mit Brettern verschalt. Berechne die Größe dieser Fläche.

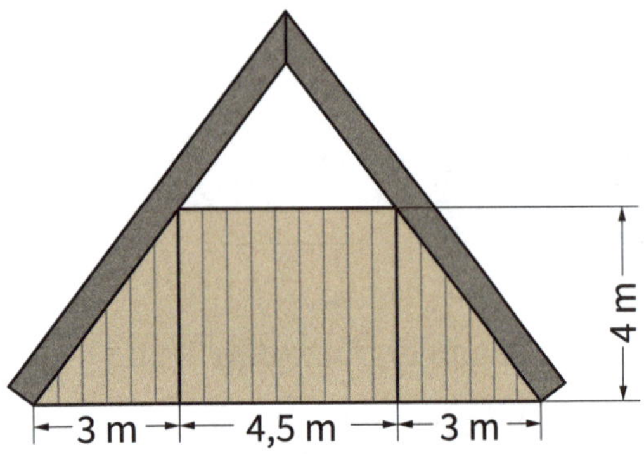

Größe der verschalten Fläche = ____________________

2 Berechne Umfang und Flächeninhalt des Fensters.

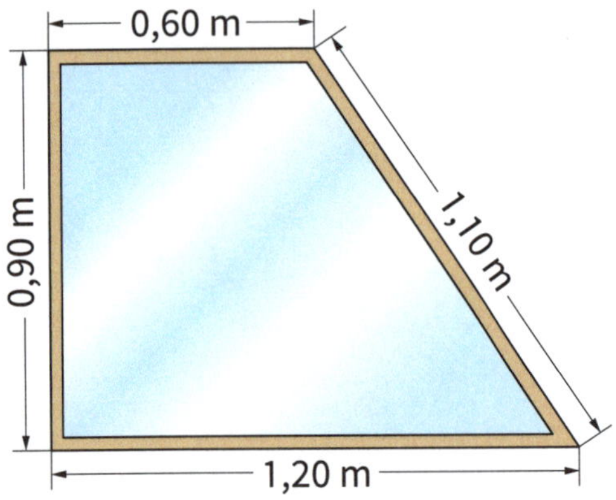

3 Frau Hinrich plant die Neugestaltung der Terrasse vor dem Haus.

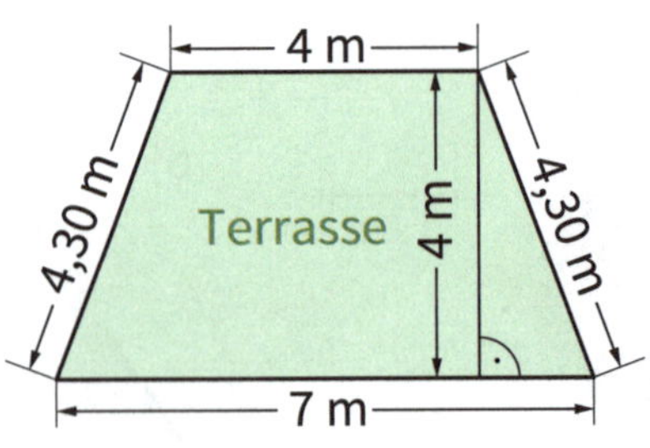

Pflastersteine
1 m^2 kostet
22,90 €

Kantsteine
1 m kostet
12,90 €

a) Wie viel m^2 Pflastersteine werden benötigt?

A: ____________________

b) Wie viel m Kantsteine werden benötigt?

A: ____________________

c) Wie hoch sind die Materialkosten?

A: ____________________

Üben: Sachaufgaben

1 Familie Ercan baut ein Haus auf dem Grundstück. Berechne den Flächeninhalt des Grundstücks und die Länge des Zaunes.

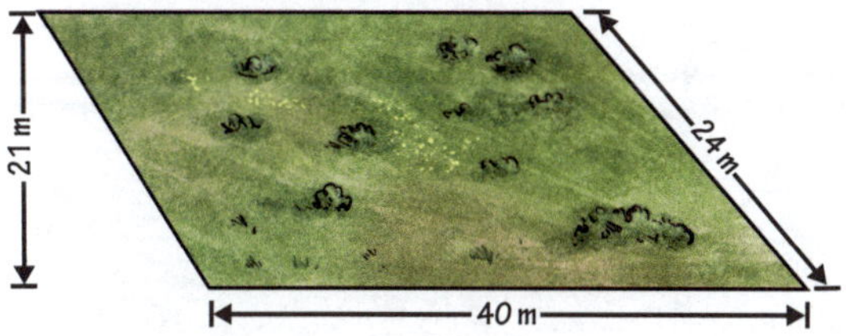

Flächeninhalt des Grundstücks: ______ Länge des Zaunes: ______

2 In einer Möbelfabrik werden verschiedene Platten für Tische hergestellt.
Berechne den Flächeninhalt der Tischplatten.

a)

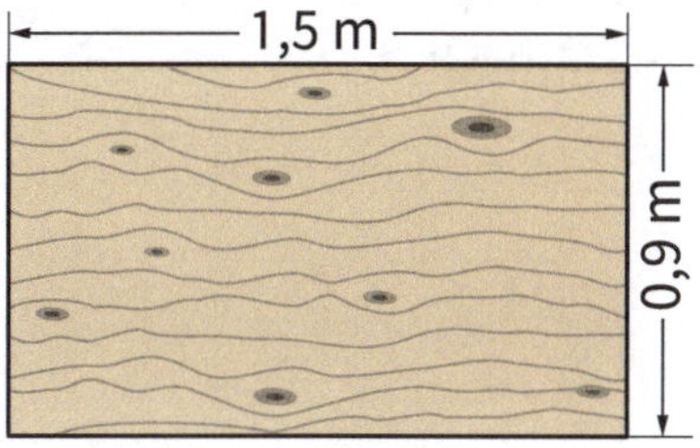

Größe der Tischplatte: ______

b)

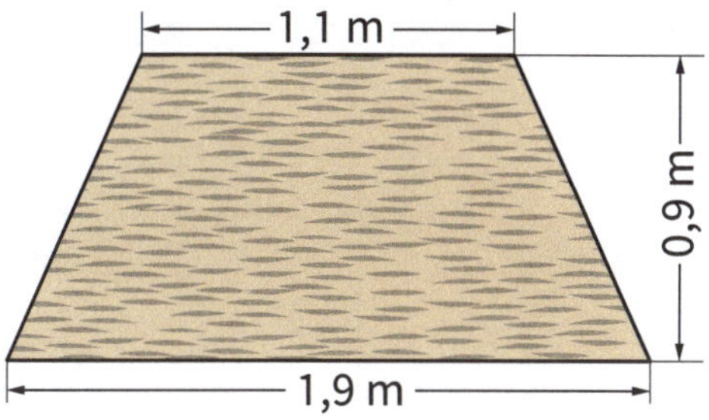

Größe der Tischplatte: ______

3 Wie viel cm^2 Blech werden für das Schild benötigt?

a)

benötigtes Blech: ______

b)

benötigtes Blech: ______

Üben: Sachaufgaben

1 Die Seitenfläche einer Fabrikhalle soll gestrichen werden. Berechne die Größe der Fläche.

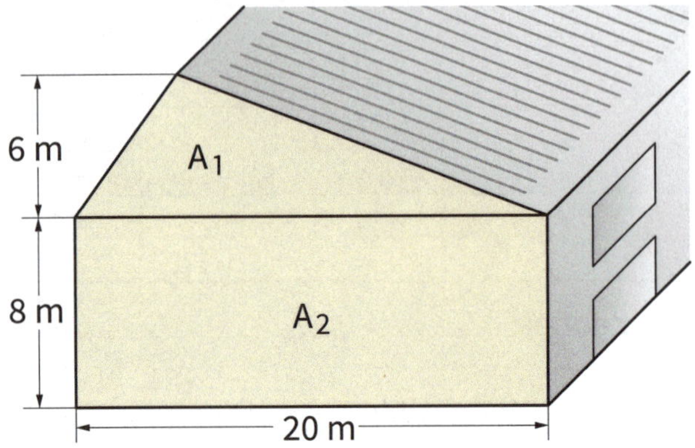

$A_1 = \frac{g \cdot h_g}{2}$ $\qquad$ $A_2 = a \cdot b$

$A_1 = \frac{\_\_\_ \cdot \_\_\_}{2}$ $\qquad$ $A_2 = \_\_\_ \cdot \_\_\_$

$A_1 = \_\_\_\_\_\_ m^2$ $\qquad$ $A_2 = \_\_\_\_\_\_ m^2$

$A = A_1 + A_2$

$A = \_\_\_\_\_\_ m^2$

2 Ergänze fehlende Maße für die Anbauflächen. Berechne den Flächeninhalt.

a)

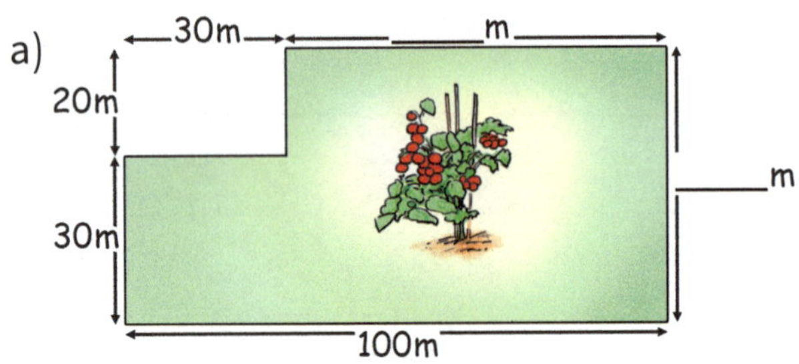

A = ______

b)

A = ______

3 Wie viel cm^2 Blech werden für das Hinweisschild benötigt?

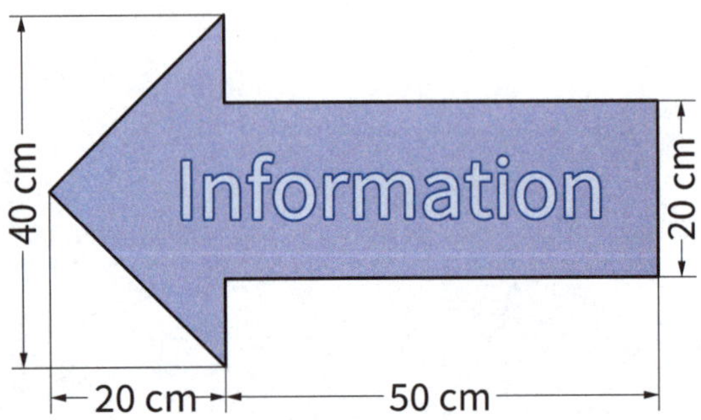

A = ______

Üben: Sachaufgaben

1 Wie viel cm^2 Blech werden für das Hinweisschild benötigt?

A:

2 Wie groß ist der Flächeninhalt des Drachens?

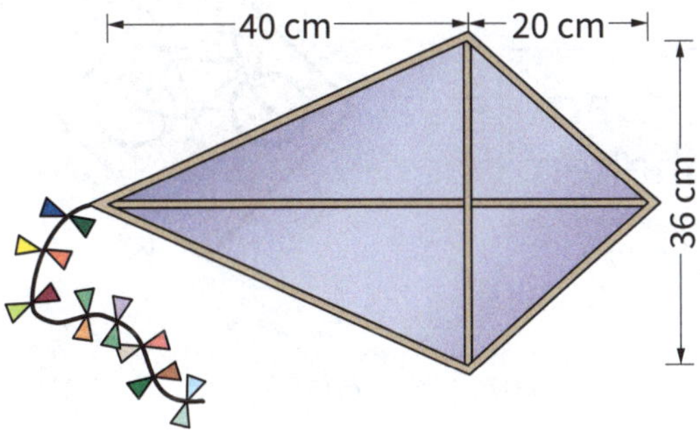

A:

3 Nadja hat beim Fußballspiel eine Scheibe des Nachbarhauses getroffen. Berechne die Größe der Glasfläche.

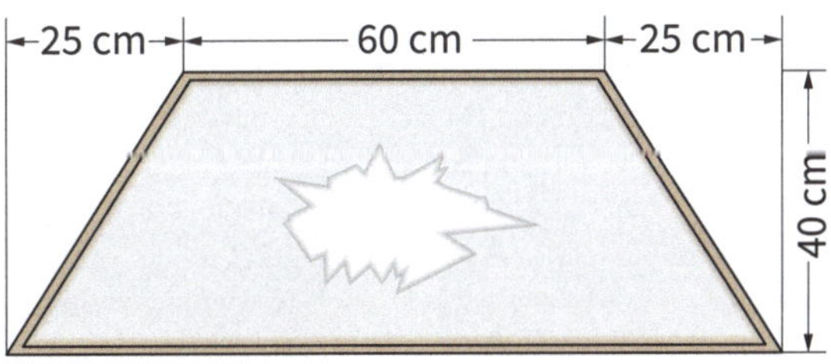

A:

4 Wie viel cm^2 Stoff werden für die Herstellung der Flagge benötigt?

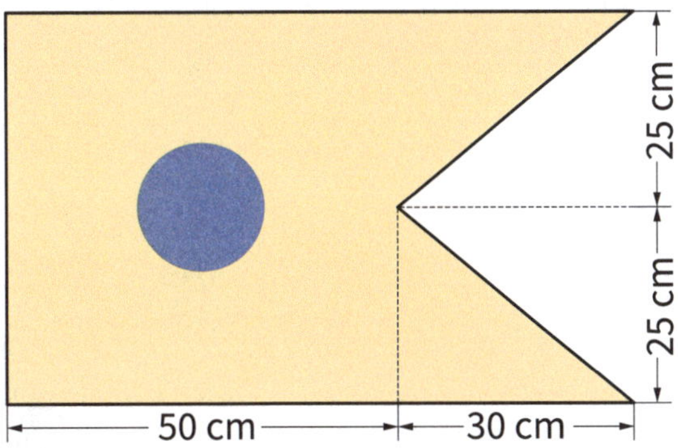

A:

Vermischte Übungen

1 Ordne richtig zu.

Rechteck	Parallelogramm	Dreieck	Trapez
$A = \frac{g \cdot h_g}{2}$	$A = a \cdot b$	$A = \frac{(a+c) \cdot h}{2}$	$A = g \cdot h$

(Rechteck → $A = a \cdot b$)

2 Wie viel cm^2 Eisenblech werden für das Schild benötigt?

a)
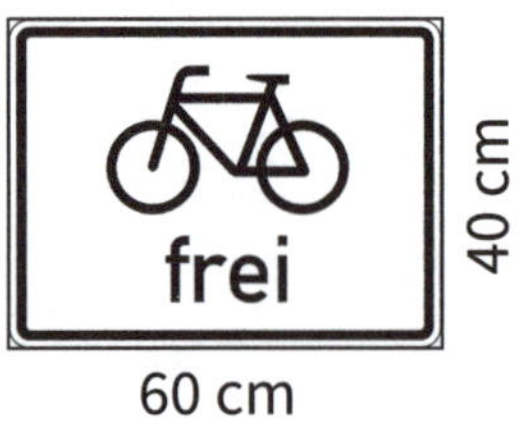

b)

c)

d)

A = ________ cm^2 A = ________ cm^2 A = ________ cm^2 A = ________ cm^2

3 Berechne den Umfang und den Flächeninhalt des Dreiecks.

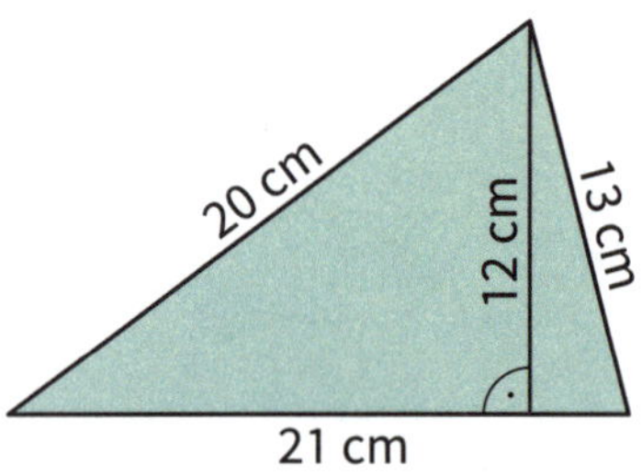

u = ________ A = ________
u = ________ A = ________
u = ________ A = ________

4 Zerlege die Figur in Teilflächen. Berechne den Flächeninhalt der Figur.

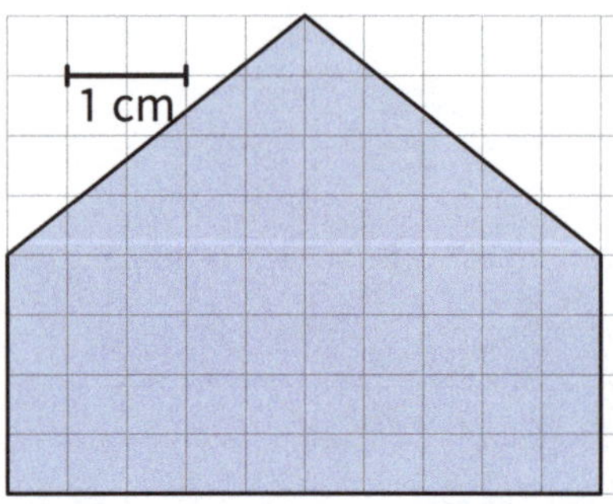

Flächeninhalt der Figur: A = ________

6 Dreiecke konstruieren

1 Welche Figuren sind deckungsgleich zu Figur A?

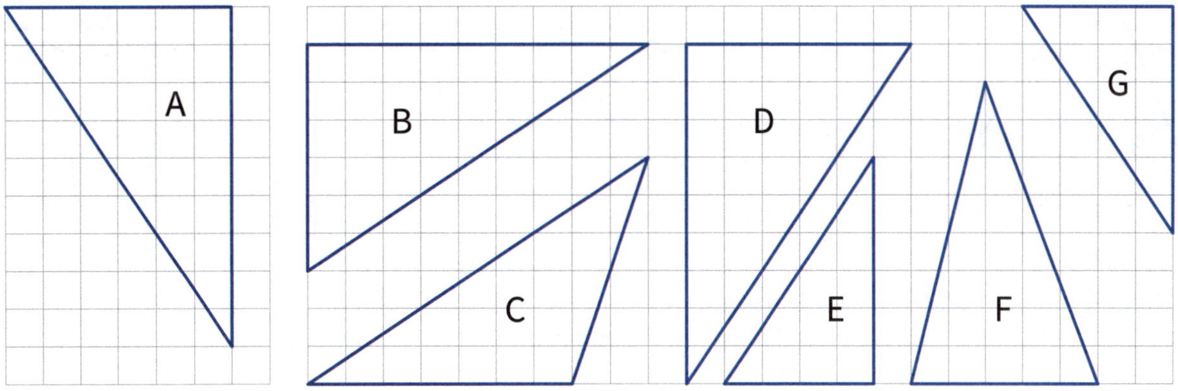

Deckungsgleich zu Figur A sind die Figuren ______________________________

2 Eine der Figuren ist nicht deckungsgleich zu der blauen Figur. Streiche sie durch.

a)

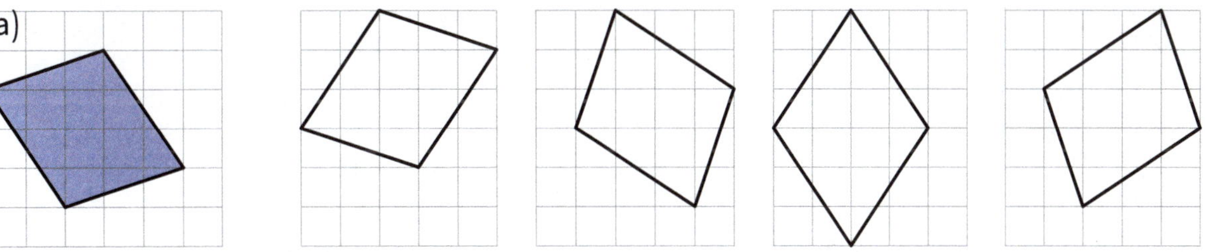

b)

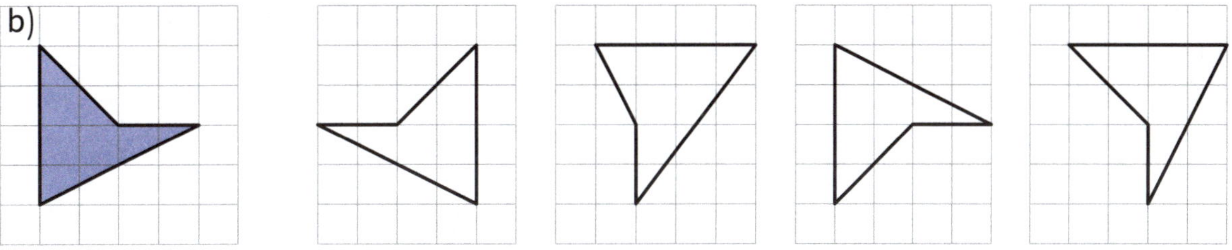

3 Zeichne zu der vorgegebenen Figur eine deckungsgleiche Figur.

a)

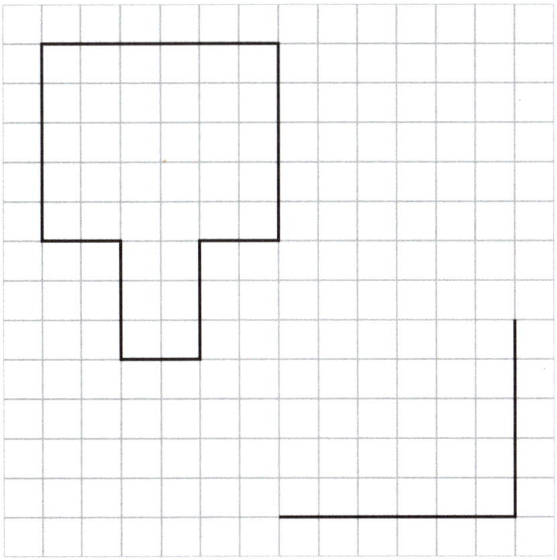

b)

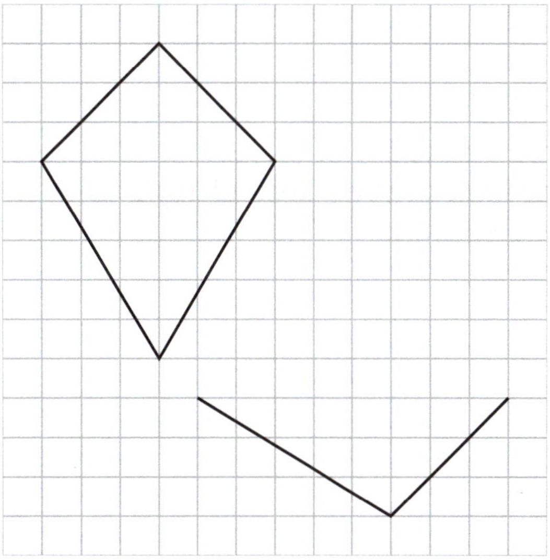

Kongruenzsatz SSS

1 Ergänze die fehlenden Bezeichnungen.

a) 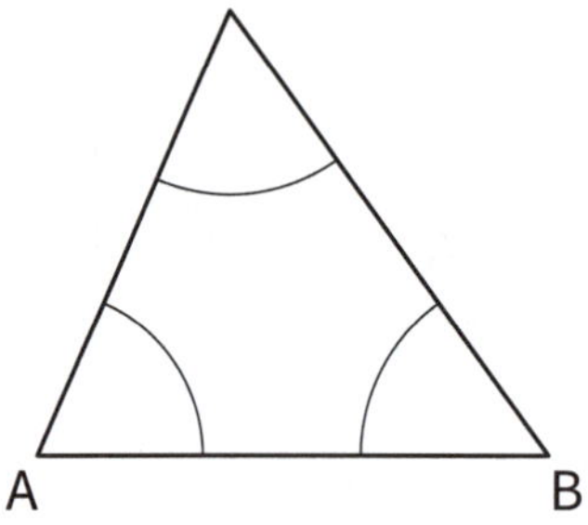

b) 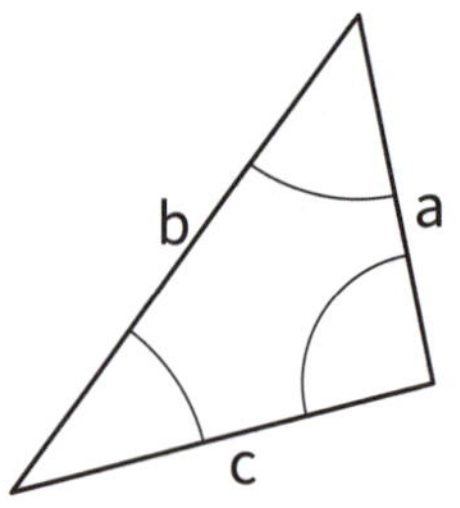

c) 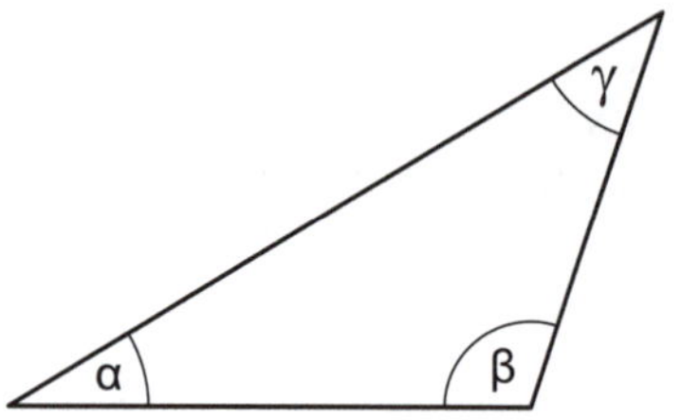

2 Färbe die gegebenen Werte in der Planfigur, dann zeichne das Dreieck.

Gegeben:
Seite a
Seite b
Seite c

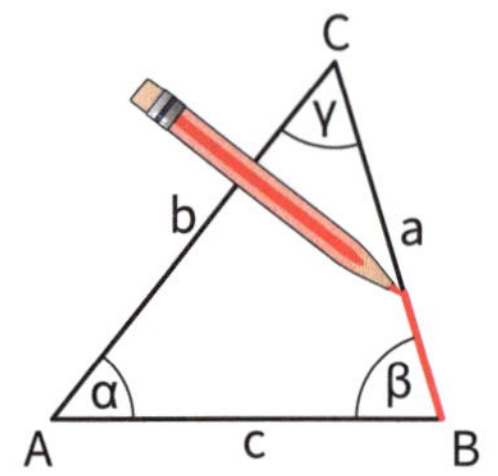

a) a = 5 cm, b = 3,5 cm, c = 4 cm   b) a = 4 cm, b = 5,5 cm, c = 5 cm

3 Zeichne die Planfigur. Färbe gegebene Werte. Dann zeichne das Dreieck.

Gegeben:
Seite a
Seite b
Seite c

a) a = 3 cm, b = 4 cm, c = 3,5 cm   b) a = 5,5 cm, b = 3 cm, c = 5,5 cm

4 a) Zeichne das Dreieck.
b) Das Dreieck ist ein besonderes Dreieck. Trage ein, welcher Typ von Dreieck vorliegt.
(1) a = 3 cm, b = 3 cm, c = 3 cm   (2) a = 3 cm, b = 5 cm, c = 5 cm

Das Dreieck ist ________________.   Das Dreieck ist ________________.

Kongruenzsatz SWS

1 Färbe die gegebenen Werte in der Planfigur, dann zeichne das Dreieck.

Gegeben:
Seite b
Seite c
Winkel α

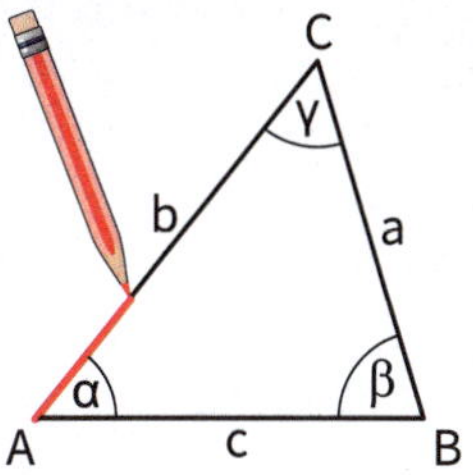

a) b = 7 cm, c = 4 cm, α = 50°   b) b = 6 cm, c = 5 cm, α = 60°

2 Zeichne die Planfigur. Färbe gegebene Werte. Dann zeichne das Dreieck.

Gegeben:
Seite a
Seite c
Winkel β

a) a = 5,5 cm, c = 5 cm, β = 80°   b) a = 4,5 cm, c = 4 cm, β = 100°

3 Zeichne die Planfigur. Färbe gegebene Werte. Dann zeichne das Dreieck.

Gegeben:
Seite a
Seite b
Winkel γ

a) a = 6 cm, b = 4,5 cm, γ = 55°   b) a = 4 cm, b = 3,5 cm, γ = 100°

Kongruenzsatz WSW

1 Färbe die gegebenen Werte in der Planfigur, dann zeichne das Dreieck.

a) $c = 5$ cm, $\alpha = 60°$, $\beta = 70°$ b) $c = 4{,}5$ cm, $\alpha = 70°$, $\beta = 55°$

Gegeben:
Seite c
Winkel α
Winkel β

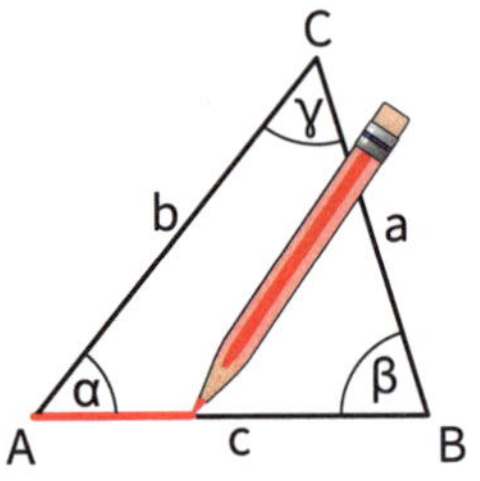

2 Zeichne die Planfigur. Färbe gegebene Werte. Dann zeichne das Dreieck.

a) $a = 4{,}5$ cm, $\beta = 60°$, $\gamma = 65°$ b) $a = 4$ cm, $\beta = 75°$, $\gamma = 60°$

Gegeben:
Seite a
Winkel β
Winkel γ

3 Zeichne die Planfigur. Färbe gegebene Werte. Dann zeichne das Dreieck.

a) $b = 5{,}5$ cm, $\alpha = 65°$, $\gamma = 55°$ b) $b = 5$ cm, $\alpha = 40°$, $\gamma = 95°$

Gegeben:
Seite b
Winkel α
Winkel γ

Üben: Konstruktion von Dreiecken

1 Gegeben: Eine Seite und die beiden anliegenden Winkel. Zeichne zuerst eine Planfigur und färbe die gegebenen Werte. Dann zeichne das Dreieck.

a) $c = 5$ cm, $\alpha = 75°$, $\beta = 50°$ b) $c = 4{,}5$ cm, $\alpha = 40°$, $\beta = 100°$

Gegeben:
Seite c
Winkel α
Winkel β

2 Gegeben: Zwei Seiten und der eingeschlossene Winkel. Zeichne zuerst eine Planfigur und färbe die gegebenen Werte. Dann zeichne das Dreieck.

a) $b = 5{,}5$ cm, $c = 4$ cm, $\alpha = 80°$ b) $b = 5$ cm, $c = 3{,}5$ cm, $\alpha = 105°$

Gegeben:
Seite b
Seite c
Winkel α

3 Gegeben: Die drei Seiten. Färbe sie in einer Planfigur. Dann zeichne das Dreieck.

a) $a = 6$ cm, $b = 5$ cm, $c = 5{,}5$ cm b) $a = 4$ cm, $b = 5{,}5$ cm, $c = 3$ cm

Gegeben:
Seite a
Seite b
Seite c

Üben: Sachaufgaben

1 Bestimme mit einer Zeichnung die Neigungswinkel α und β. Färbe zuerst in einer Planfigur die gegebenen Werte, dann zeichne das Dreieck. Für 1 m zeichne 1 cm.

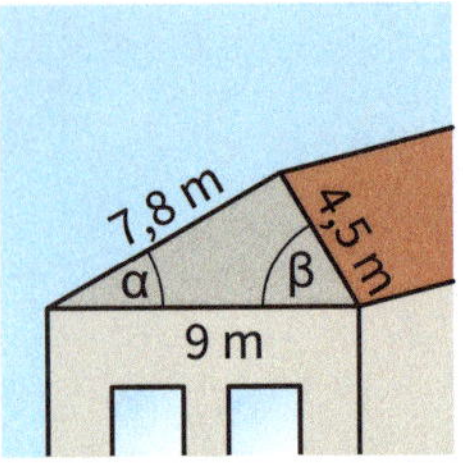

Winkel α: ____________ Winkel β: ____________

2 Bestimme mit einer Zeichnung die Länge der Rampenauffahrt. Färbe zuerst in einer Planfigur die gegebenen Werte, dann zeichne das Dreieck. Für 1 m zeichne 1 cm.

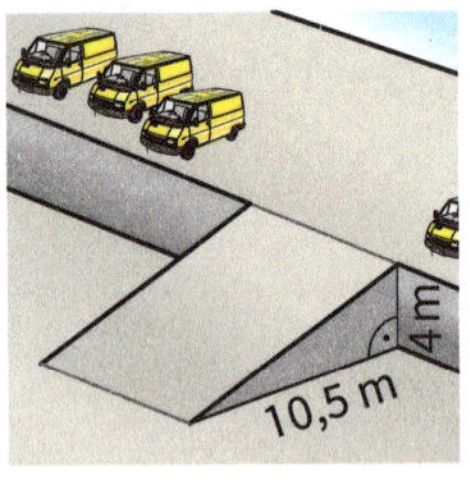

Länge der Rampenauffahrt: ____________

3 Bestimme mit einer Zeichnung die Breite des Flusses. Färbe zuerst in einer Planfigur die gegebenen Werte, dann zeichne das Dreieck. Für 10 m zeichne 1 cm.

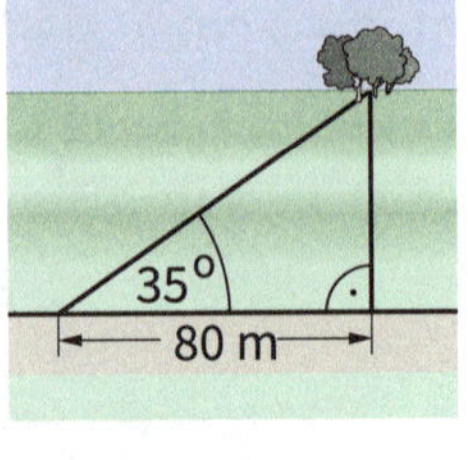

Breite des Flusses: ____________

Vertiefen: Vierecke

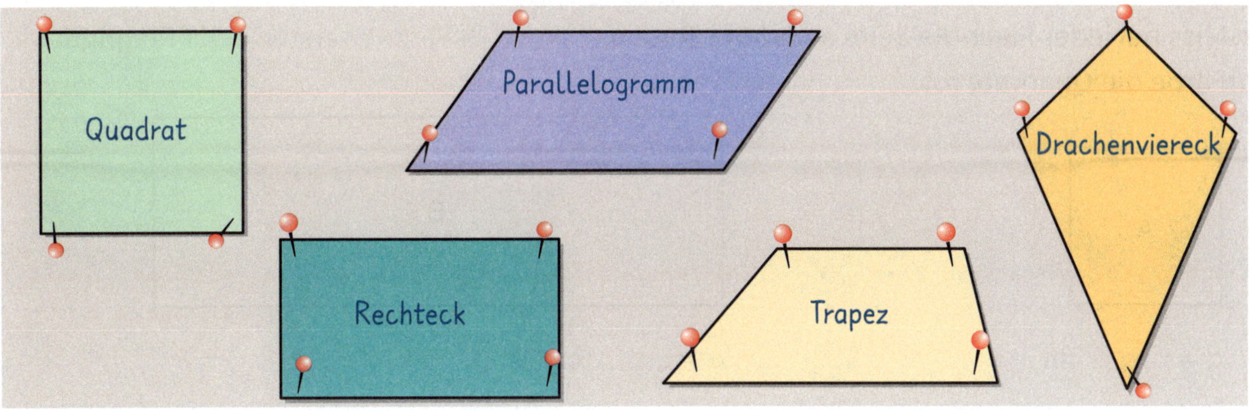

1 Wahr oder falsch? Kreuze an.

		wahr	falsch
a)	In jedem Quadrat sind alle Seiten gleich lang.		
b)	In jedem Trapez sind zwei Seiten parallel.		
c)	In jedem Rechteck sind alle Winkel gleich groß.		
d)	In jedem Parallelogramm sind alle Seiten gleich lang.		
e)	Jedes Drachenviereck hat einen rechten Winkel.		
f)	Jedes Quadrat ist ein Rechteck.		
g)	Jedes Trapez hat zwei gleich lange Seiten.		
h)	In jedem Parallelogramm sind die gegenüberliegenden Seiten parallel.		
i)	Jedes Drachenviereck hat eine Symmetrieachse.		
j)	In jedem Trapez sind gegenüberliegende Winkel gleich groß.		
k)	Jedes Parallelogramm hat einen rechten Winkel.		
l)	In jedem Drachenviereck sind die Diagonalen zueinander senkrecht.		

2 Ergänze die fehlenden Seiten der Figur.

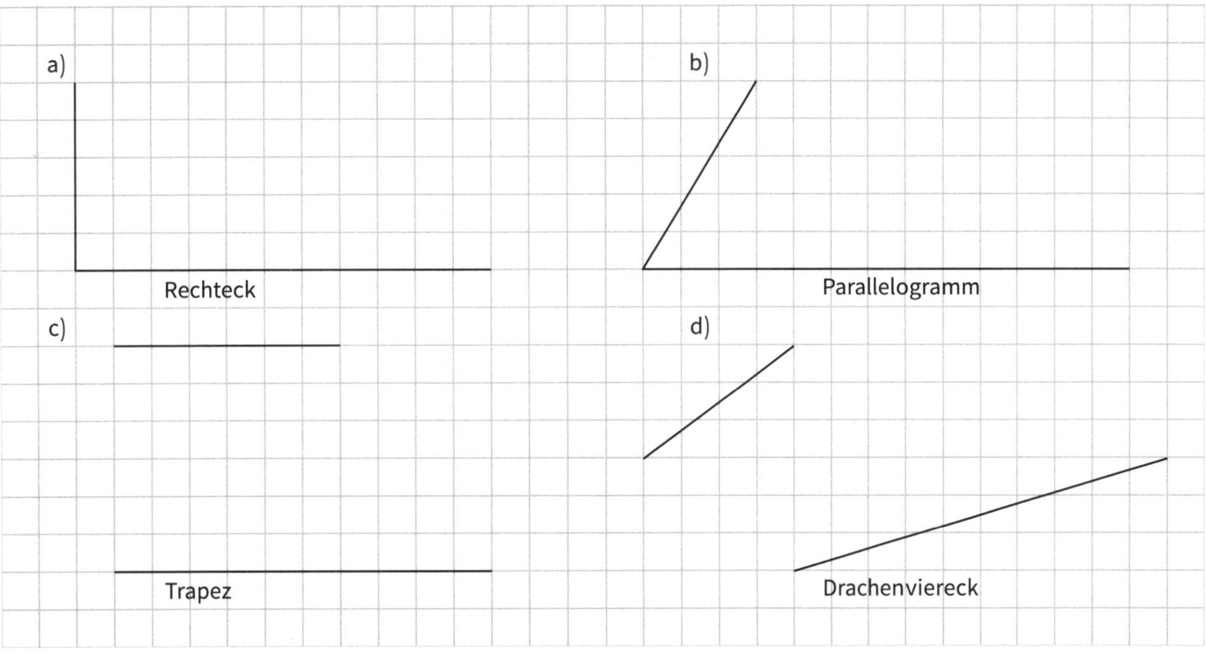

Vertiefen: Vierecke

1 a) Miss bei jeder Figur die Seite a und die Seite b.
b) Färbe die Quadrate rot.

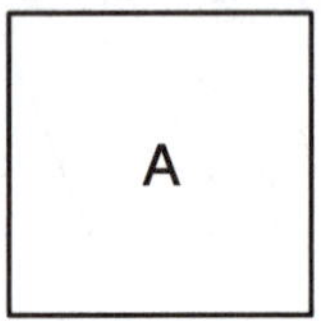

a = ______ cm

b = ______ cm

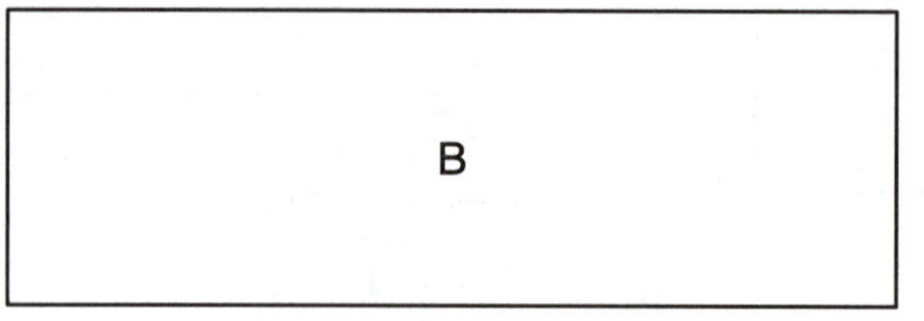

a = ______ cm

b = ______ cm

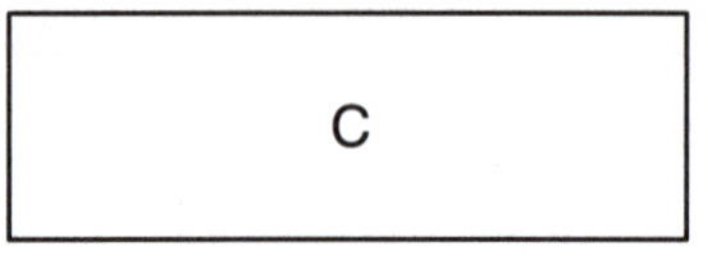

a = ______ cm

b = ______ cm

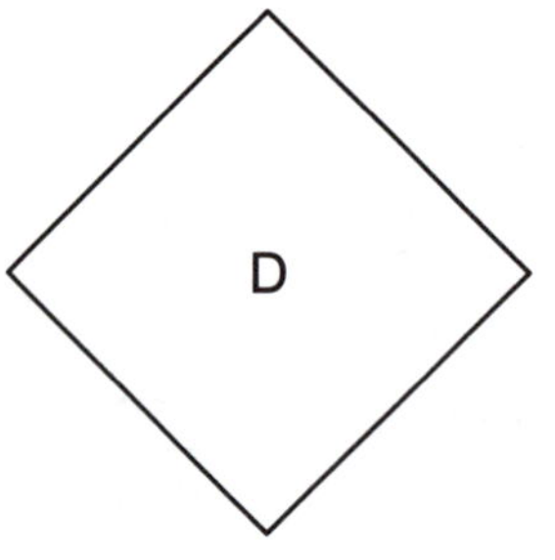

a = ______ cm

b = ______ cm

2 Miss, dann ergänze zum Rechteck.

a)

a = ______ cm

b = ______ cm

b)

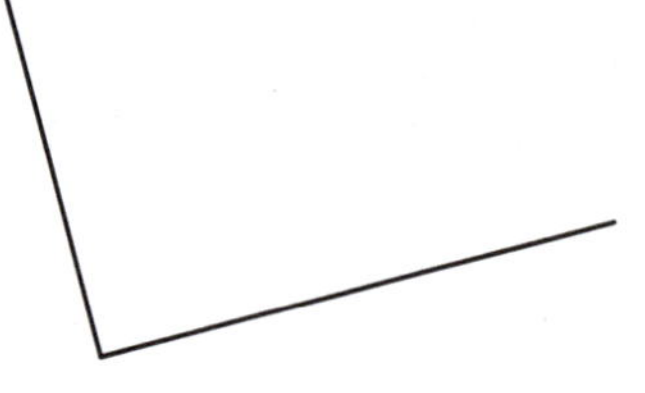

a = ______ cm

b = ______ cm

3 Miss, dann ergänze zum Quadrat.

a) ____________

a = ______ cm

b)

a = ______ cm

Vertiefen: Konstruktion von Vierecken

1 Zeichne mit dem Geodreieck das Viereck mit den angegebenen Seitenlängen.

a) Rechteck: a = 7 cm, b = 3,5 cm

b) Quadrat: a = 3,5 cm

2 Zeichne das Parallelogramm nach der Planfigur.

a)
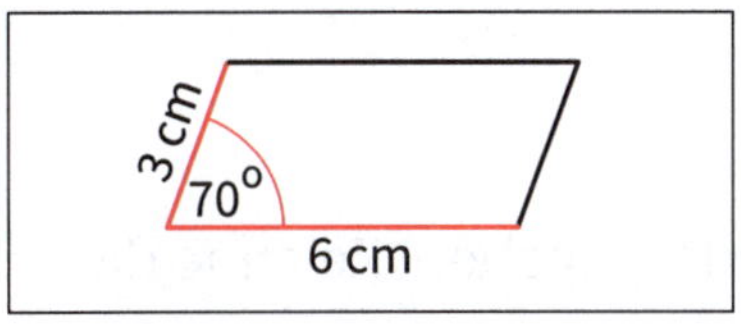

b)
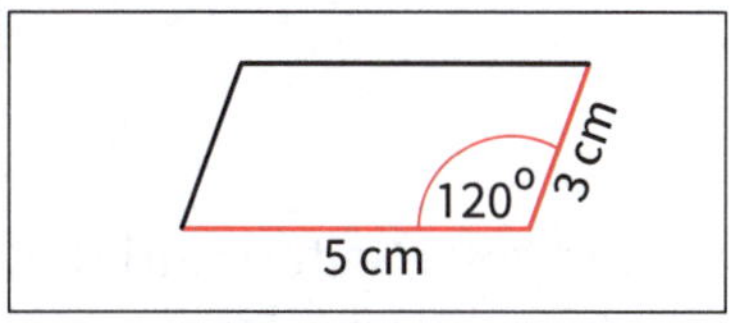

c)
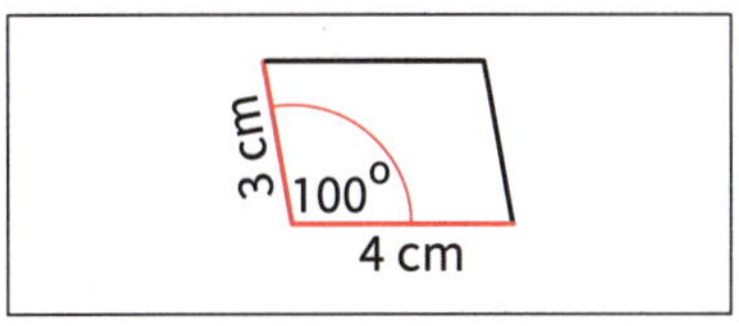

d)
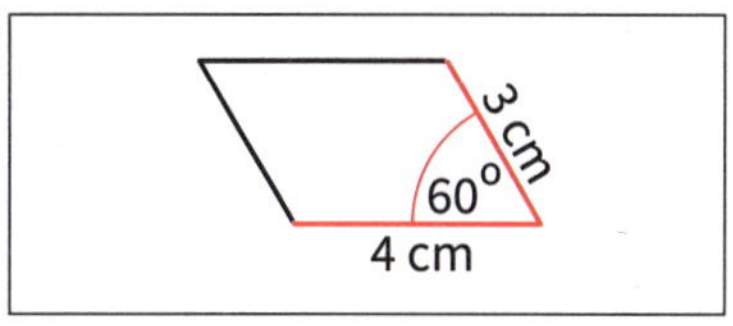

3 Färbe die gegebenen Werte in der Planfigur. Dann zeichne das Parallelogramm.

a = 8 cm, b = 3,5 cm, $\alpha = 50°$

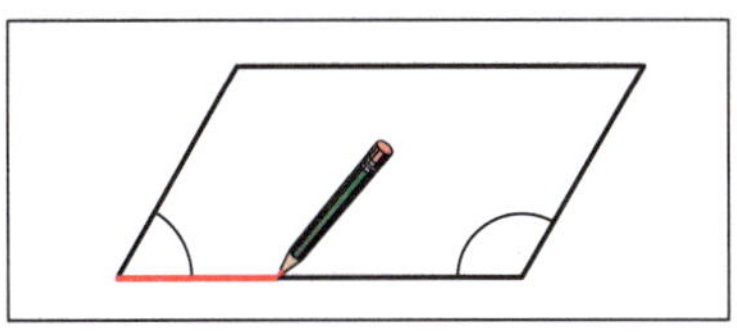

Vermischte Übungen

1 Von einem Dreieck sind eine Seite und die zwei anliegenden Winkel gegeben. Zeichne die Planfigur. Färbe gegebene Werte. Dann zeichne das Dreieck.

Gegeben:
Seite c
Winkel α
Winkel β

a) c = 4 cm, α = 70°, β = 60° b) c = 3 cm, α = 40°, β = 110°

2 Von einem Dreieck sind zwei Seiten und der eingeschlossene Winkel gegeben. Zeichne die Planfigur. Färbe gegebene Werte. Dann zeichne das Dreieck.

Gegeben:
Seite b
Seite c
Winkel α

a) b = 4,5 cm, c = 5 cm, α = 60° b) b = 4 cm, c = 5 cm, α = 80°

3 Von einem Dreieck sind die drei Seiten gegeben. Zeichne die Planfigur. Färbe gegebene Werte. Dann zeichne das Dreieck.

Gegeben:
Seite a
Seite b
Seite c

a) a = 5,5 cm, b = 4 cm, c = 5,5 cm b) a = 6 cm, b = 4 cm, c = 2,5 cm

4 Färbe die gegebenen Werte in der Planfigur. Dann zeichne das Parallelogramm.
a = 7 cm, b = 3 cm, α = 40°

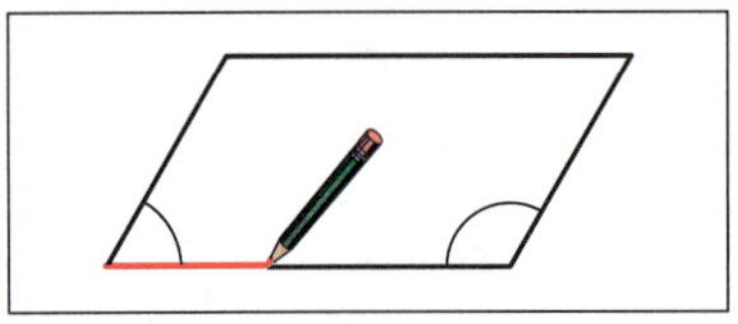

Kreis und Kreisteile

1 Zeynep und Lukas messen immer den Umfang und den Durchmesser. Wie lang ist ungefähr der Umfang u eines Kreises mit dem Durchmesser d = 8 cm?

A: ______________________________

2 Wie groß ist ungefähr der Umfang der Räder?

a) d = 90 cm

u ≈ ____________
u ≈ ____________
u ≈ ____________

b) d = 70 cm

u ≈ ____________
u ≈ ____________
u ≈ ____________

c) d = 50 cm

u ≈ ____________
u ≈ ____________
u ≈ ____________

d) d = 120 cm

u ≈ ____________
u ≈ ____________
u ≈ ____________

3 Der Radius ist angegeben. Berechne den Durchmesser. Trage ihn ein. Durch Überschlagen findest du heraus, welches Ergebnis für den Umfang des Kreises stimmt. Kreuze an.

a) r = 15 cm

d = ____________

☐ u = 94 cm
☐ u = 75 cm
☐ u = 124 cm

b) r = 2 cm

d = ____________

☐ u = 17,4 cm
☐ u = 15,3 cm
☐ u = 12,6 cm

Umfang eines Kreises

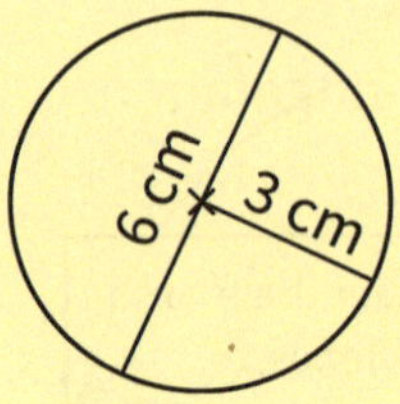

Für den Umfang eines Kreises gilt:

$u = \pi \cdot d$	$u = 2 \cdot \pi \cdot r$	Wir rechnen mit $\pi = 3{,}14$.
$u = 3{,}14 \cdot 6$ cm	$u = 2 \cdot 3{,}14 \cdot 3$ cm	
$u = 18{,}84$ cm	$u = 18{,}84$ cm	

1 Vervollständige die beiden Rechnungen zur Bestimmung des Umfangs.

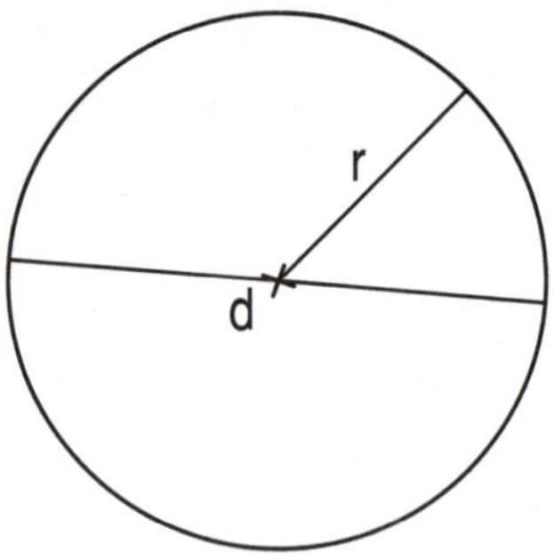

d = 4 cm

$u = \pi \cdot d$	$u = 2 \cdot \pi \cdot r$
$u = 3{,}14 \cdot 4$ cm	$u = 2 \cdot 3{,}14 \cdot$ ______ cm
u = ______ cm	u = ______ cm

2 Durchmesser d oder Radius r des Kreises sind gegeben. Berechne den Umfang u.

a)

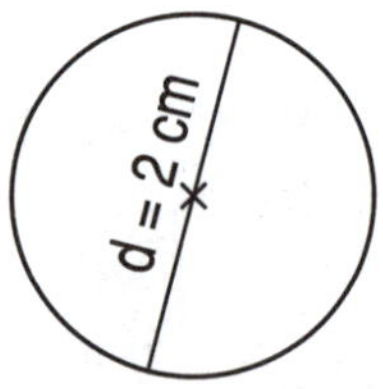

$u = \pi \cdot d$
u = ______
u = ______

b)

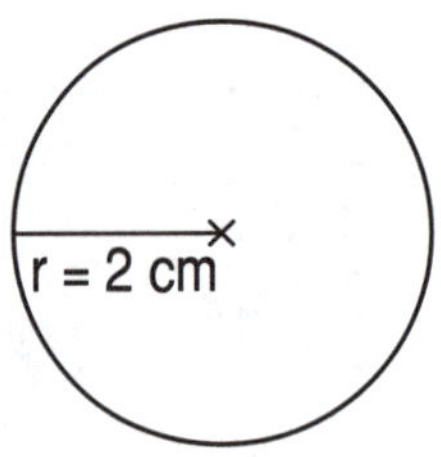

$u = 2 \cdot \pi \cdot r$
u = ______
u = ______

c)

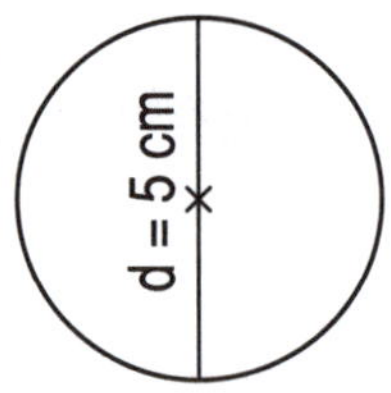

u = ______
u = ______
u = ______

d)

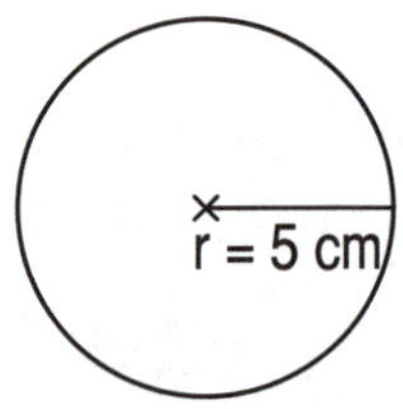

u = ______
u = ______
u = ______

3 Berechne die fehlenden Werte für den Kreis.

	a)	b)	c)	d)	e)	f)
Radius (r)	4 cm	5 cm	20 cm	40 cm		
Durchmesser (d)					14 cm	22 cm
Umfang (u)						

Umfang eines Kreises

1 Zeichne einen Durchmesser ein. Miss seine Länge. Berechne den Umfang des Kreises.

a)

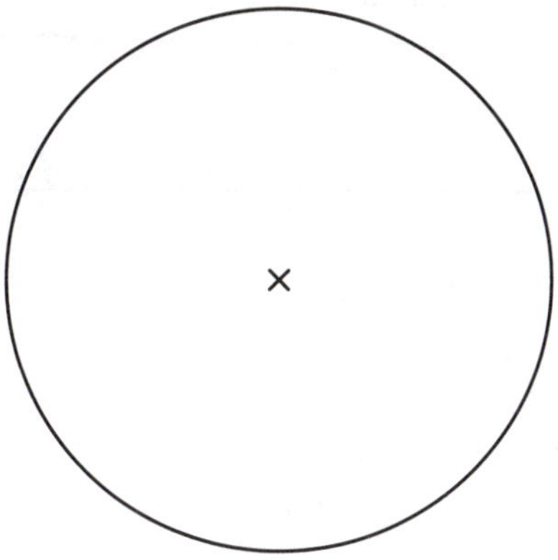

d = ______ cm

$u = \pi \cdot d$

u = ______

u = ______

b)

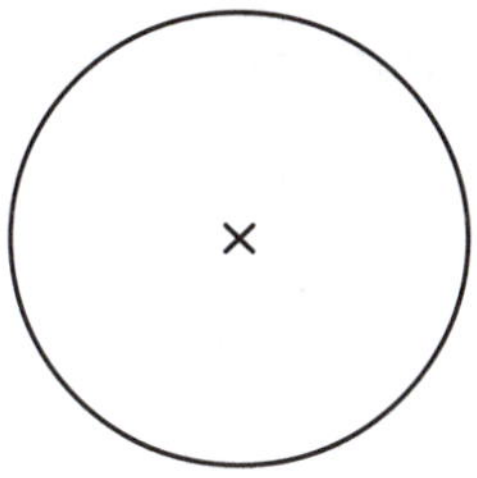

d = ______ cm

u = ______

u = ______

u = ______

c)

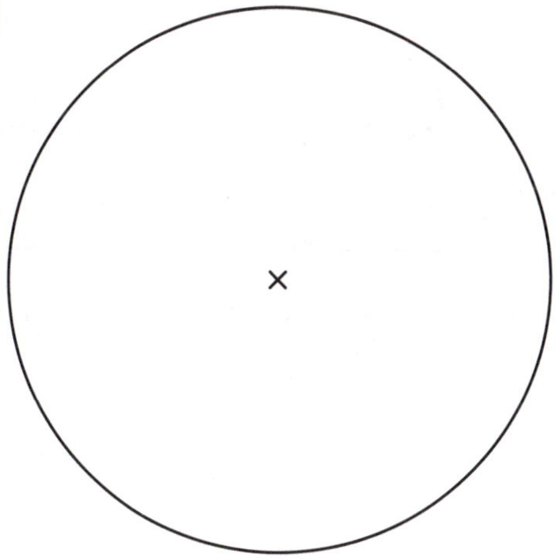

d = ______ cm

u = ______

u = ______

u = ______

2 Das große Riesenrad von London hat einen Durchmesser von 122 m. Wie lang ist der Fahrweg, den ein Fahrgast bei einer Umdrehung zurücklegt?

A: ______

3 Die größte Turmuhr der Welt befindet sich auf dem Royal Clock Tower Hotel in Mekka.

a) Welchen Weg legt die Spitze des großen Zeigers in einer Stunde zurück?

A: ______

b) Welchen Weg legt die Spitze des kleinen Zeigers an einem Tag zurück?

A: ______

Flächeninhalt eines Kreises

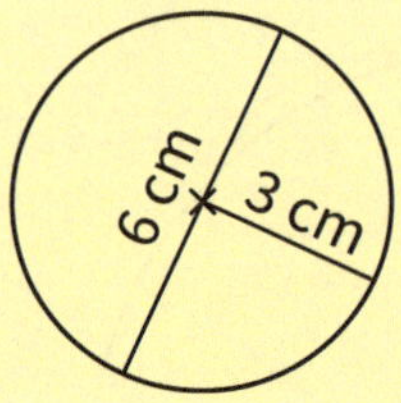

Für den Flächeninhalt eines Kreises gilt:

$A = \pi \cdot r^2$

$3^2 = 3 \cdot 3$

$A = 3{,}14 \cdot 3^2$

$A = 28{,}26\ cm^2$

Wir rechnen mit $\pi = 3{,}14$.

1 Vervollständige die Rechnung zur Bestimmung des Flächeninhalts.

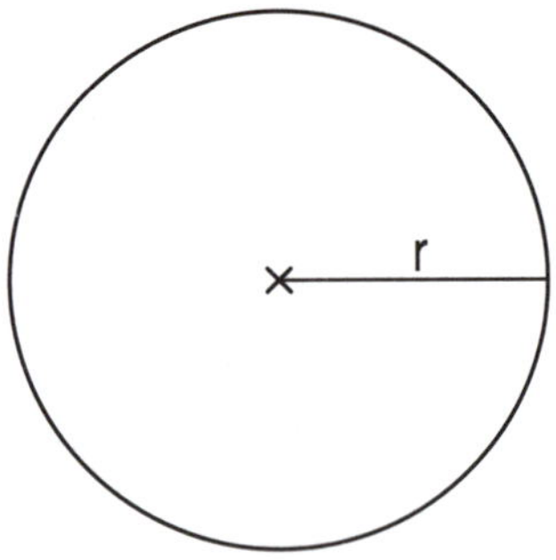

r = 2 cm

$A = \pi \cdot r^2$

$A = 3{,}14 \cdot$ ______

A = ______________ cm^2

2 Zeichne einen Radius ein. Miss seine Länge. Berechne den Flächeninhalt des Kreises.

a)

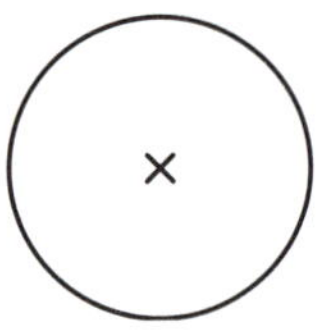

r = ______________

$A = \pi \cdot r^2$

A = ______________

A = ______________

b)

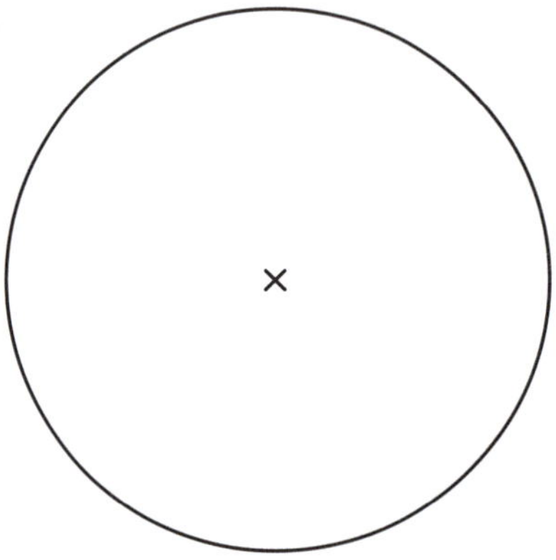

r = ______________

A = ______________

A = ______________

A = ______________

c)

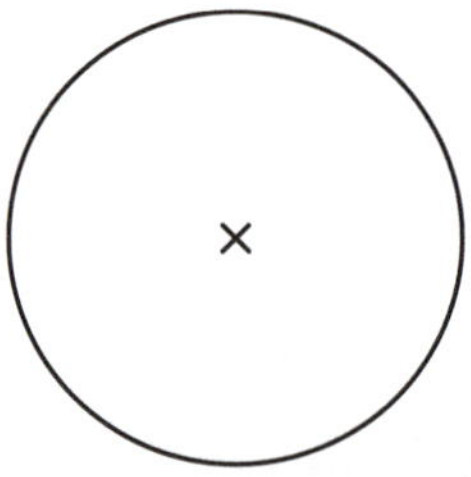

r = ______________

A = ______________

A = ______________

A = ______________

3 Berechne die fehlenden Werte für den Kreis.

	a)	b)	c)	d)	e)	f)
Radius (r)				23 cm	34 cm	
Durchmesser (d)	12 cm	30 cm	50 cm			34 cm
Flächeninhalt (A)						

Flächeninhalt eines Kreises

1 Der Radius r des Kreises ist gegeben. Berechne den Flächeninhalt A.

a)
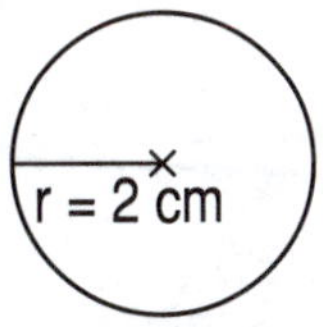

$A = \pi \cdot r^2$

$A = 3{,}14 \cdot 2 \cdot 2$

A = ____________

b)
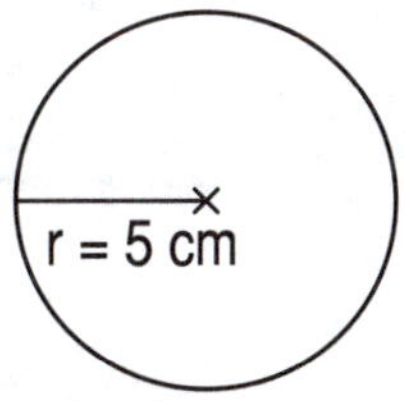

A = ____________

A = ____________

A = ____________

c)
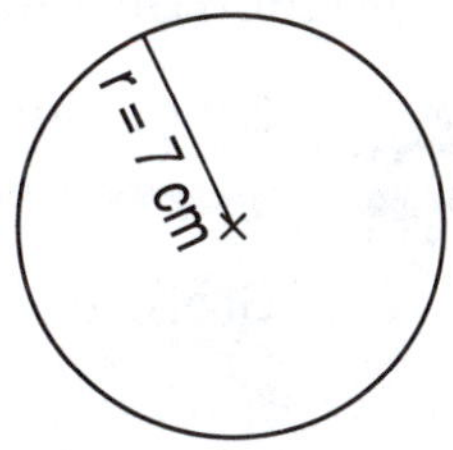

A = ____________

A = ____________

A = ____________

d)
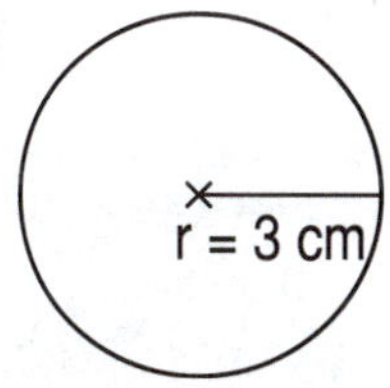

A = ____________

A = ____________

A = ____________

2 Der rotierende Arm einer Bewässerungsanlage ist 9 m lang. Berechne die bewässerte Fläche.

A: ____

3 Eine Ziege ist an einem Pfahl auf der Wiese angeleint. Die Leine ist 4 m lang.

a) Wie groß ist die Fläche, auf der die Ziege grasen kann?

A: ____

b) Die Länge der Leine wird verdoppelt. Wie groß ist jetzt die Fläche, auf der die Ziege grasen kann?

A: ____

Kreisring und Kreissektor

1 Auf einer Verkehrsinsel werden ein kreisrundes Blumenbeet und eine ringförmige Rasenfläche angelegt. Berechne die angegebenen Größen.

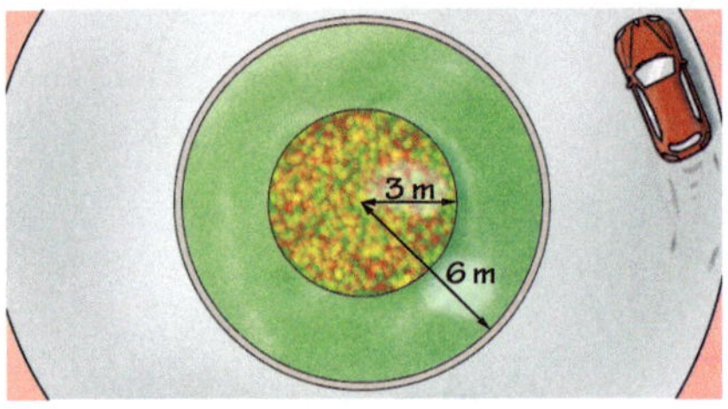

Größe der Verkehrsinsel: ______________________

Größe des Blumenbeetes: ______________________

Größe der Rasenfläche: ______________________

2 Berechne den Flächeninhalt der gefärbten Fläche.

a) 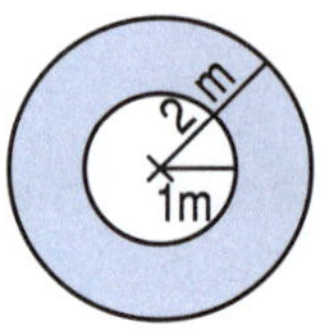

A = ______________

b) 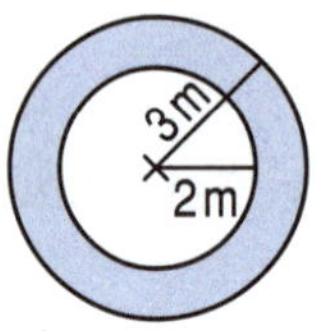

A = ______________

3 Der Radius des Kreises beträgt 4 cm. Berechne den Flächeninhalt der gefärbten Fläche.

a) 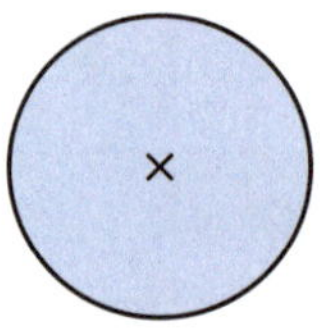

A = ______________

b) 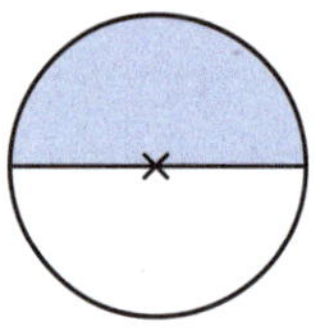

A = ______________

c) 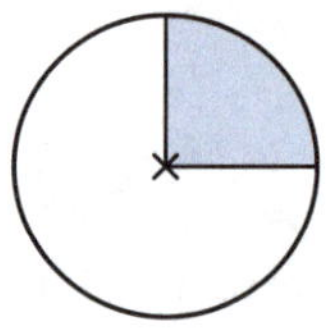

A = ______________

d) 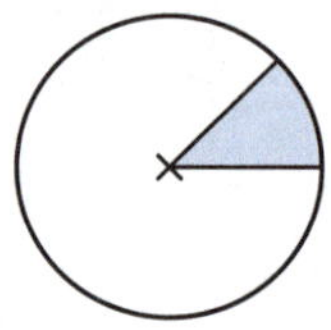

A = ______________

4 Beim Bringdienst gibt es zwei Pizza-Angebote zum gleichen Preis. Bei welchem Angebot bekommt man mehr Pizza?

Halbe Maxi-Pizza
Durchmesser 44 cm

Kleine Pizza
Durchmesser 22 cm

A: ____

Übung: Umfang und Flächeninhalt eines Kreises

1 Umfang und Flächeninhalt der gefärbten Figur sollen berechnet werden. Miss benötigte Längen, dann rechne.

a)

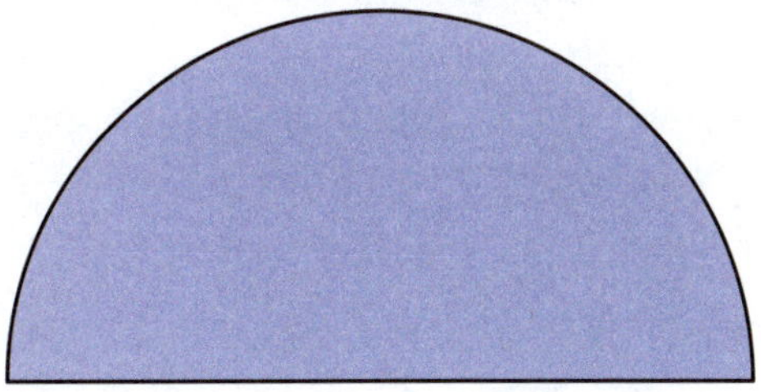

u = ______ cm

A = ______ cm^2

b)

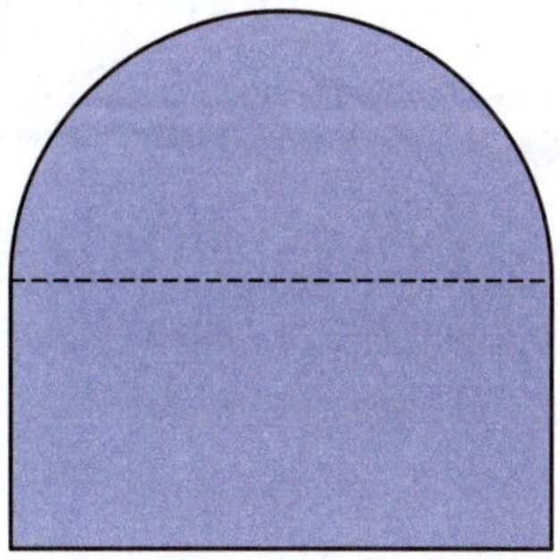

u = ______ cm

A = ______ cm^2

c)

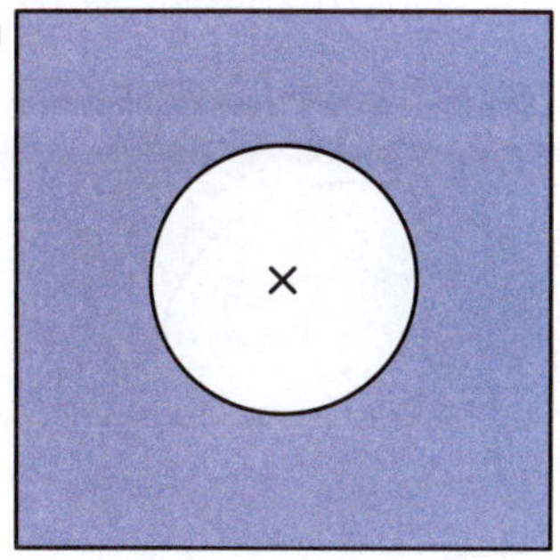

u = ______ cm

A = ______ cm^2

2 Berechne den Umfang und den Flächeninhalt der Sportanlage.

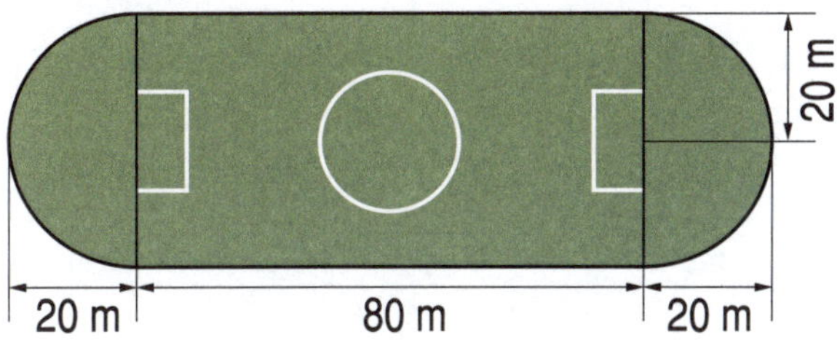

u = ______ m   A = ______ m^2

3 Drei Freunde überlegen, ob sie drei kleine Pizzas kaufen oder eine große Pizza teilen sollen. Sie möchten möglichst viel Pizza für ihr Geld bekommen. Wie sollten sie sich entscheiden?

r = 10 cm
Preis: 5 €

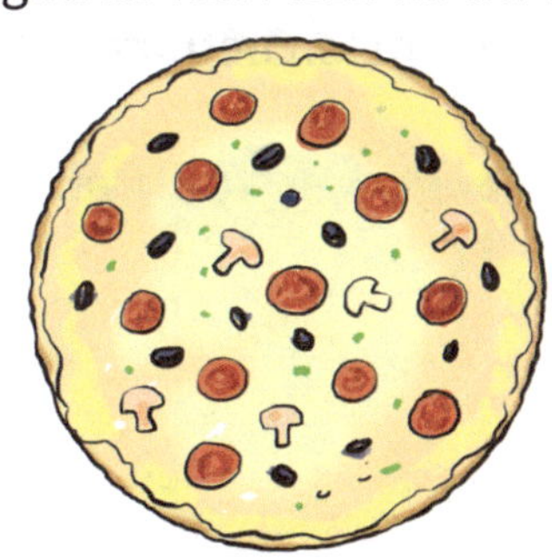

r = 20 cm
Preis: 12 €

Fläche von drei kleinen Pizzas: A = ______

Fläche einer großen Pizza: A = ______

A: ______

Vermischte Übungen

1 Zeichne einen Radius (r) und einen Durchmesser (d) ein. Miss die Länge von r und d.

a) r = ____ cm , d = ____ cm   b) r = ____ cm, d = ____ cm   c) r = ____ cm, d = ____ cm

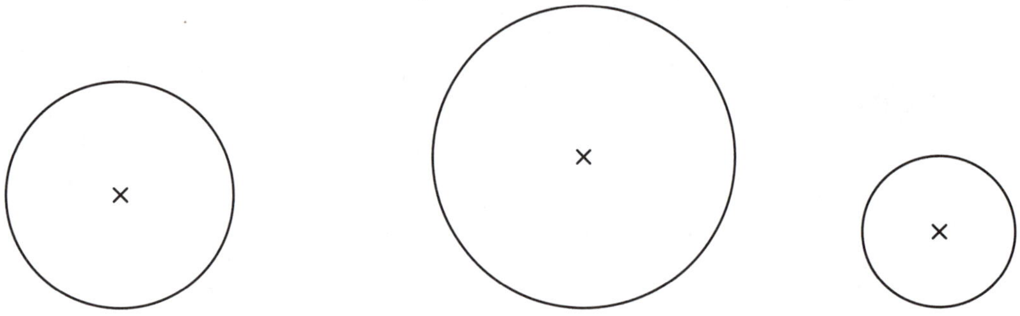

2 Bestimme den Radius r. Berechne Umfang und Flächeninhalt des Kreises.

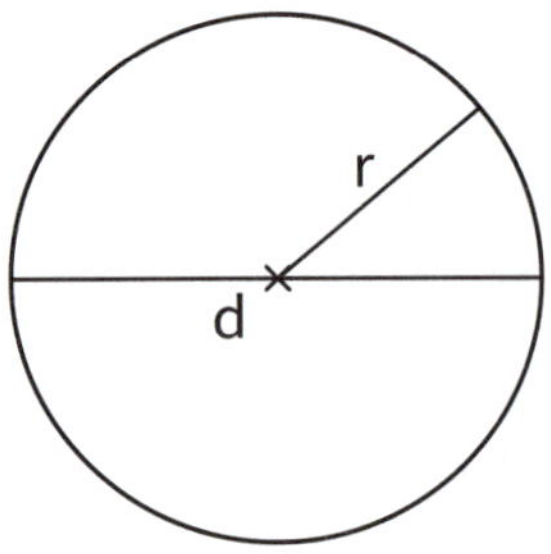

d = 12 cm

r = ____ cm

u = ____________   A = ____________

u = ____________   A = ____________

u = ____________   A = ____________

3 Berechne den Flächeninhalt der gefärbten Figur.

a)

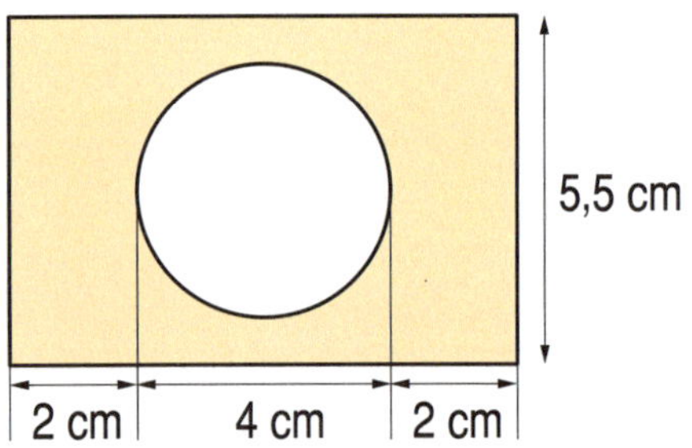

A = ____________ cm^2

4 Auf dem Platz können Rettungs-Hubschrauber landen und wieder starten.
a) Wie groß ist die Fläche des Platzes?
b) Wie groß ist der Umfang des Platzes?
c) Der Hubschrauber-Landeplatz wird neu asphaltiert. Die Kosten betragen 76 € pro m^2. Wie hoch sind die Gesamtkosten?

A = ____________   u = ____________

Alles paletti
Vermischte Übungen

1 Bianca kauft 5 Batterien. Sie bezahlt insgesamt 4,50 €.

F: Wie teuer ist eine Batterie?

A: ______________________________

Anzahl	€

2 Berechne den fehlenden Preis.

a) **Pinsel**

Anzahl	€
1	1,70
2	

b) **Farbroller**

Anzahl	€
2	5,20
6	

c) **Wandspachtel**

Anzahl	€
10	30,00
2	

d) **Cuttermesser**

Anzahl	€
8	16,40
4	

3 Ein Bautrockner kann die Wände in 16 Stunden trocknen.
Es stehen aber 4 Bautrockner zur Verfügung.

F: In welcher Zeit könnten 4 Bautrockner die Wände trocknen?

A: ______________________________

Anzahl	h

4 Wie viel Zeit wird benötigt?

a) **Spachteln**

Personen	min
1	90
3	

b) **Tapezieren**

Personen	min
2	300
4	

c) **Aufräumen**

Personen	min
6	120
2	

5 Ist die Zuordnung direkt oder indirekt proportional? Berechne die fehlende Größe.

a) **Farbe**

Eimer	ℓ
1	15
4	

b) **Arbeitslohn**

h	€
20	400
4	

c) **Lackieren**

Maler	min
2	240
4	

6 Eine der Tabellen gehört zu einer direkt proportionalen Zuordnung. Vervollständige diese Tabelle. Zeichne dazu das Schaubild.

Anbringen von Lampen

Anzahl	min
1	70
2	140
3	
4	
5	

Personen	min
1	300
2	150
3	
4	
5	

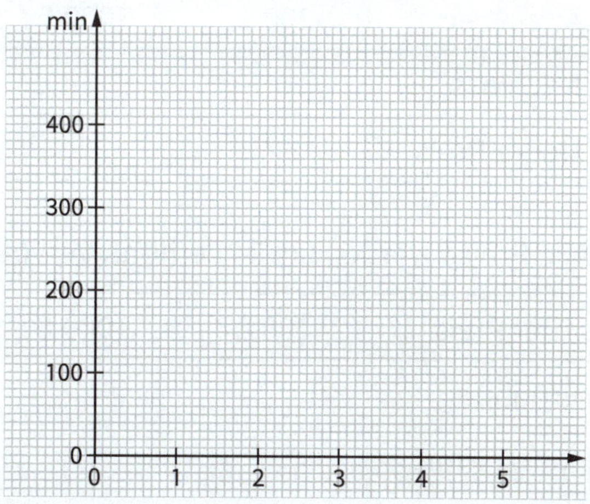

Alles paletti
Vermischte Übungen

7 Vervollständige die Tabelle.

Bruch		$\frac{1}{10}$			$\frac{2}{5}$	
Hundertstelbruch	$\frac{50}{100}$			$\frac{75}{100}$		$\frac{90}{100}$
Prozentsatz	50 %		25 %			

8 a)

	von 600 €	von 2 500 €
1 %		
10 %		
50 %		
20 %		

b)

	von 400 km	von 6 000 km
50 %		
25 %		
5 %		
15 %•		

9 Berechne mit dem Dreisatz.

a) 7 % von 300 kg

%	kg
100	300
1	
7	

7 % von 300 kg = ____ kg

b) 11 % von 200 kg

%	kg

11 % von 200 kg = ____ kg

c) 9 % von 5 000 kg

%	kg

9 % von 5 000 kg = ____ kg

10 Von 1 200 Jugendlichen sind 43 % Mitglied in einem Sportverein.
Wie viele der Jugendlichen sind Mitglied in einem Sportverein?

A: ______________________________

11 Alle Preise werden um 5 % gesenkt. Vervollständige die Tabelle.

Alter Preis	200 €	5 000 €	1 400 €	120 €	10 €	
Nachlass						15 €
Neuer Preis						285 €

12 Alle Preise werden um 2 % erhöht. Vervollständige die Tabelle.

Alter Preis	700 €	3 000 €	900 €	1 800 €	50 €	
Erhöhung						6 €
Neuer Preis						306 €

13 Verschiedene Glücksräder werden gedreht. Ergänze die fehlenden Wahrscheinlichkeiten in der Tabelle.

			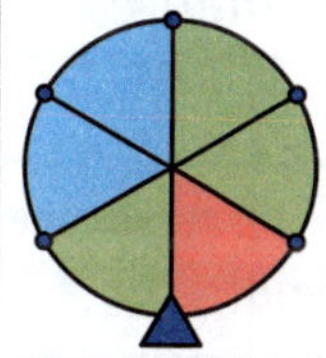	
a)	Der Zeiger zeigt auf ein grünes Feld.	$\frac{1}{4}$		
b)	Der Zeiger zeigt auf ein rotes Feld.			
c)	Der Zeiger zeigt auf ein Feld, das nicht blau ist.			
d)	Der Zeiger zeigt auf ein rotes oder blaues Feld.			
e)	Der Zeiger zeigt auf ein Feld, das nicht rot ist.			

14 Die Felder der Glücksräder sollen rot oder blau gefärbt werden. Die Wahrscheinlichkeit für rot ist jeweils angegeben. Färbe entsprechend.

a) $\frac{1}{4}$

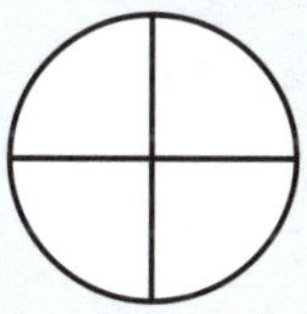

b) $\frac{7}{8}$

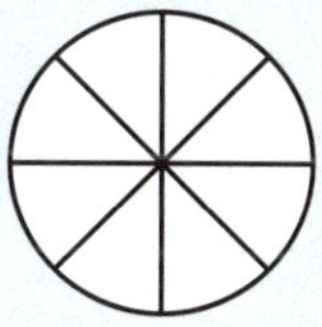

c) $\frac{5}{6}$

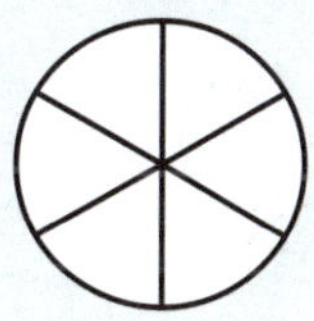

d) $\frac{1}{3}$

15 Zeichne die Säulen für die Temperaturen ein. Bestimme den Unterschied.

a)

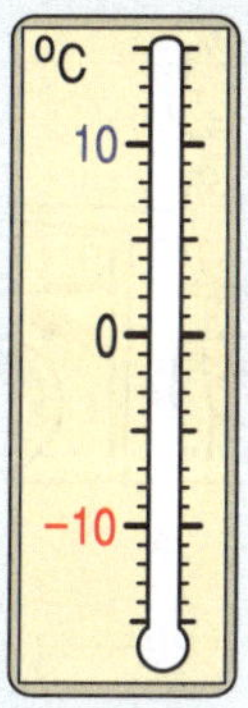

3 °C

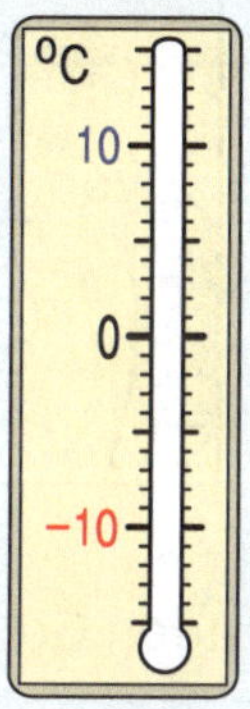

– 3 °C

Unterschied: ___ °C

b)

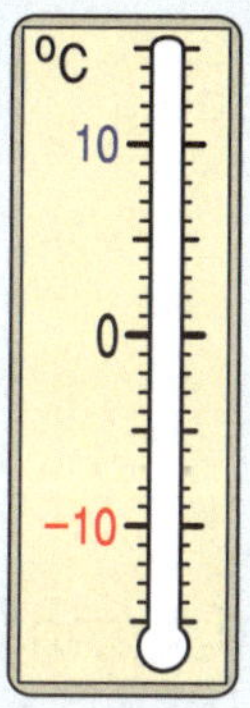

– 12 °C

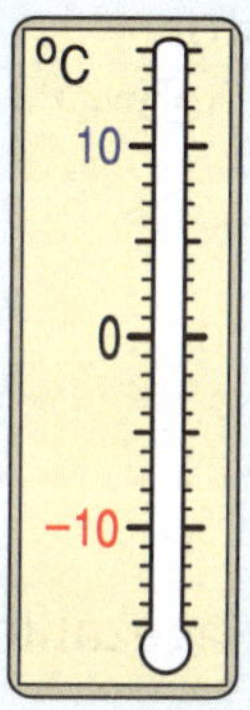

– 4 °C

Unterschied: ___ °C

c)

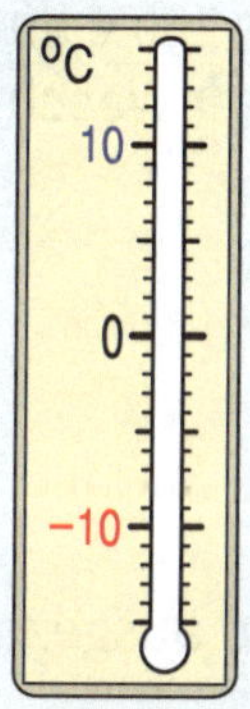

5 °C

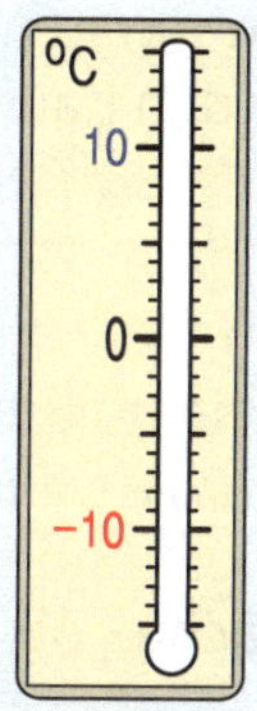

– 7 °C

Unterschied: ___ °C

16 Vergleiche die Temperaturen. Setze ein: <, > oder =.

a) 5 °C ☐ – 7 °C   b) 0 °C ☐ – 22 °C   c) 25 °C ☐ 12 °C   d) – 5 °C ☐ 23 °C

17 Vervollständige die Tabelle.

Niedrigste Temperatur	– 4 °C	– 4 °C	– 5 °C	– 5 °C	– 21 °C	– 22 °C	– 9 °C	– 12 °C
Höchste Temperatur	0 °C	4 °C	– 5 °C	5 °C	– 19 °C	– 12 °C	28 °C	– 8 °C
Unterschied	°C	°C	°C	°C	°C	°C	°C	°C

Alles paletti

Vermischte Übungen

18 Wie heißen die Zahlen?

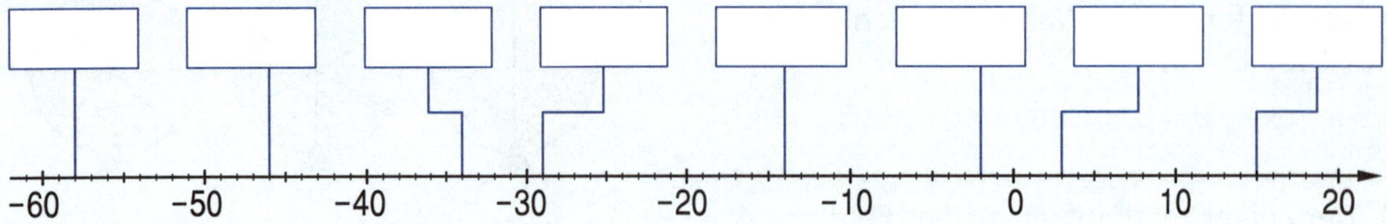

19 Die Summe der Zahlen in zwei nebeneinander liegenden Steinen steht im Stein darüber.

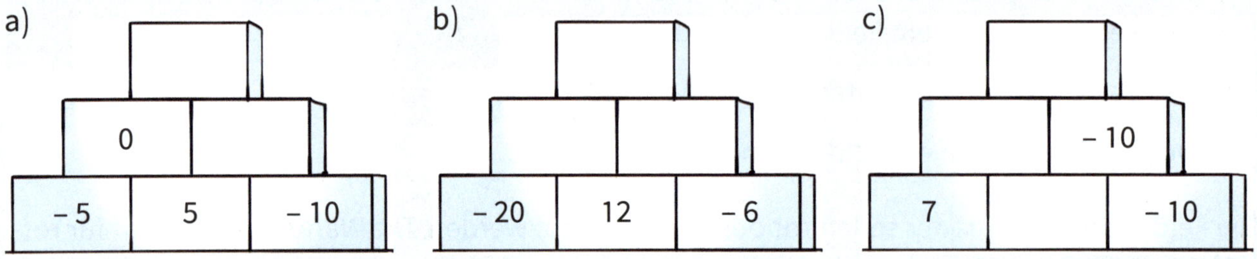

20

a) 20 + 12 = ____

– 20 – 12 = ____

40 – 20 = ____

– 20 – 40 = ____

b) 50 – 55 = ____

23 – 45 = ____

– 20 – 21 = ____

– 30 + 15 = ____

c) – 13 + 20 = ____

– 31 – 18 = ____

– 20 + 50 = ____

– 40 + 55 = ____

d) 200 – 300 = ____

– 300 + 300 = ____

– 110 – 110 = ____

– 520 + 120 = ____

21 Herr Karsten hat 250 € auf dem Konto.
Für den Kauf einer Waschmaschine hebt er 450 € ab.

F: ______________________________

R: ______________________________

A: ______________________________

22 Beachte, ob Geld ausgezahlt oder eingezahlt wird. Ergänze die fehlenden Geldbeträge.

a)

Kontostand (alt)	Auszahlung	Kontostand (neu)
70 €	70 €	
55 €	60 €	
	50 €	– 20 €
60 €		– 30 €

b)

Kontostand (alt)	Einzahlung	Kontostand (neu)
– 10 €	50 €	
– 80 €	30 €	
	20 €	10 €
40 €		80 €

23 Trage die fehlenden Zahlen ein.

a) $\sqrt{16}$ = ________, denn ________ ^{2} = 16

b) $\sqrt{100}$ = ________, denn ________ ^{2} = 100

c) $\sqrt{64}$ = ________, denn ________ ^{2} = 64

d) $\sqrt{81}$ = ________, denn ________ ^{2} = 81

e) $\sqrt{49}$ = ________, denn ________ ^{2} = 49

f) $\sqrt{36}$ = ________, denn ________ ^{2} = 36

24 Umfang (u) oder Flächeninhalt (A), was muss berechnet werden? Kreuze an.

		u	A
a)	Die Außenlinien eines Fußballfeldes werden weiß markiert.		
b)	Die Decke der Sporthalle wird gestrichen.		
c)	Der Rasen des Sportplatzes wird gemäht.		
d)	Um die Sprunggrube herum wird Absperrband gespannt.		

25 Berechne den Flächeninhalt der Figur.

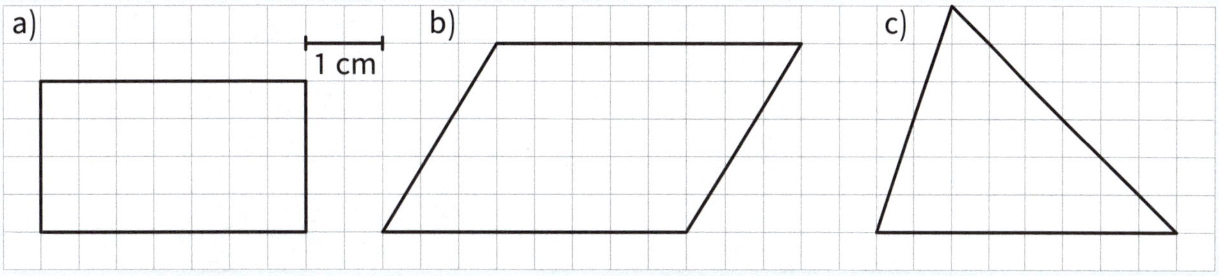

A = __________ A = __________ A = __________

A = __________ A = __________ A = __________

A = __________ A = __________ A = __________

26 Berechne Umfang und Flächeninhalt des Dreiecks.

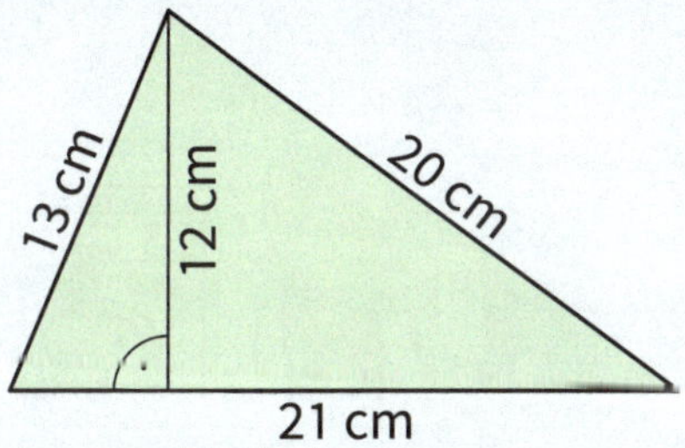

u = __________ A = __________

u = __________ A = __________

u = __________ A = __________

27 a) Bestimme die fehlenden Maße in der Zeichnung.
b) Berechne den Flächeninhalt der Flächen A_1 und A_2.
c) Berechne den Inhalt der gesamten Fläche.

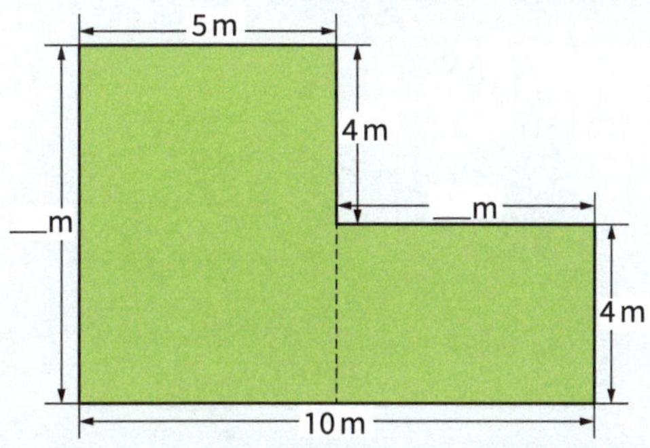

Fläche A_1: ________ m^2 Fläche A_2: ________ m^2 Gesamtfläche: ________ m^2

Alles paletti

Vermischte Übungen

28 Von einem Dreieck sind zwei Seiten und der eingeschlossene Winkel gegeben. Zeichne die Planfigur. Färbe gegebene Werte. Dann zeichne das Dreieck.

Gegeben:
Seite b
Seite c
Winkel α

a) b = 7 cm, c = 5,5 cm, α = 75° b) b = 7,5 cm, c = 4 cm, α = 55°

29 Bestimme mit einer Zeichnung, wie weit das Boot vom Leuchtturm und von der Kirche entfernt ist. Färbe zuerst in einer Planfigur die gegebenen Werte, dann zeichne das Dreieck. Für 1 km zeichne 1 cm.

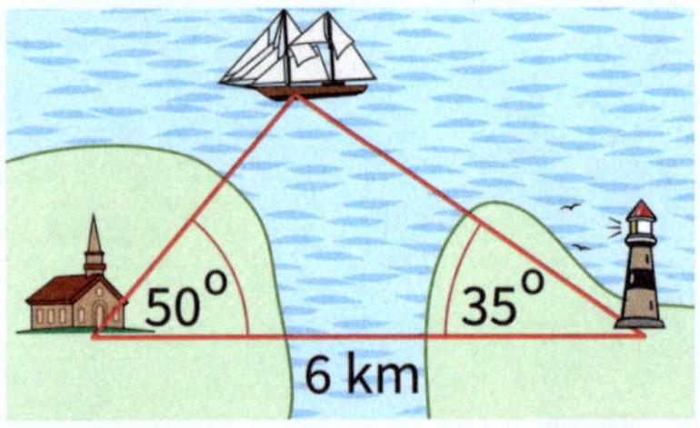

Planfigur:

Entfernung Boot – Leuchtturm: ____________ Entfernung Boot – Kirchturm: ____________

30 Zeichne das Parallelogramm nach der Planfigur.

a)

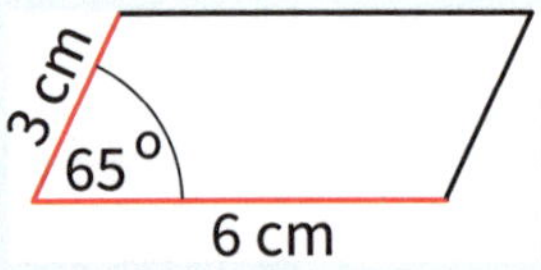

b)

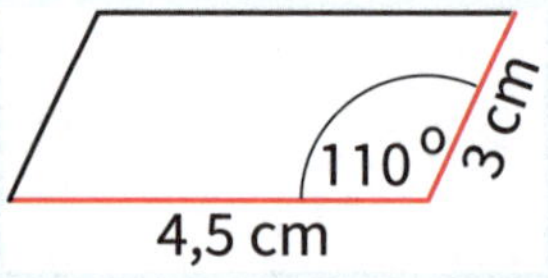

31 Berechne den Flächeninhalt und den Umfang der gefärbten Figur.

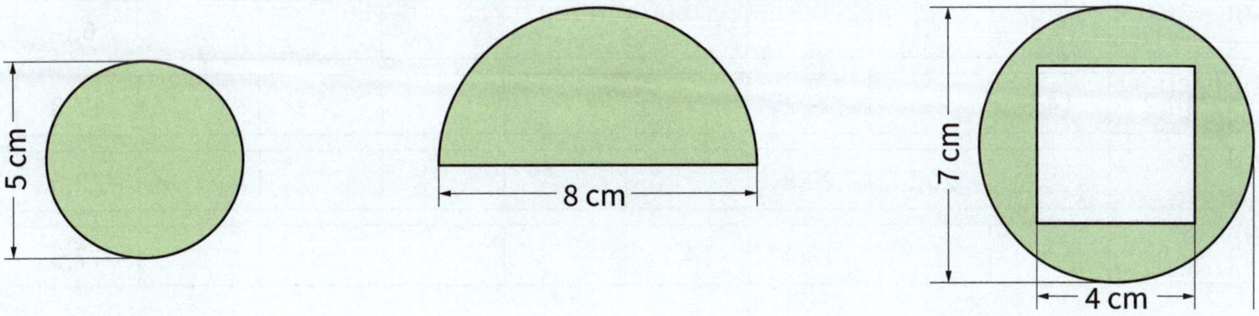

A = ______ A = ______ A = ______

u = ______ u = ______ u = ______

32 Berechne Umfang und Flächeninhalt des kreisrunden Blumenbeetes.

u = ______ A = ______

u = ______ A = ______

u = ______ A = ______

33 Umfang und Flächeninhalt der gefärbten Figur sollen berechnet werden. Miss benötigte Längen, dann rechne.

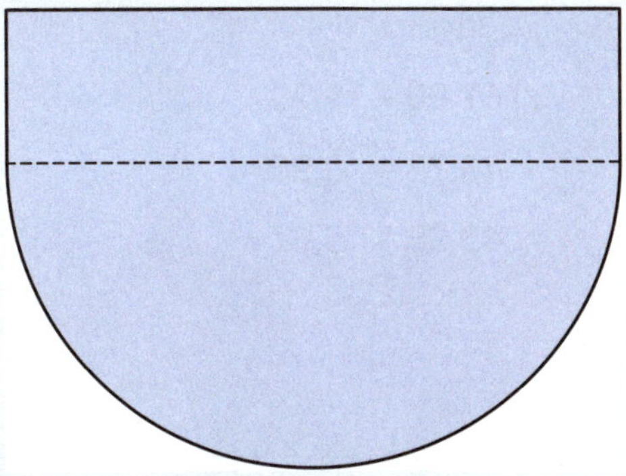

u = ______ cm A = ______ cm²

Bleib fit!
Wiederholung

1 Vervollständige die Zahlenreihen.

a)

5,7	5,8								6,6

b)

14,2	14,6								17,8

c)

		20,5	20,8						22,6

d)

			13,4	14,1					17,6

2 Addiere und subtrahiere im Kopf.

a) 0,6 + 0,3 = ______ b) 1,4 + 0,7 = ______ c) 1,9 – 0,5 = ______ d) 1,6 – 0,8 = ______

1,2 + 2,4 = ______ 2,5 + 0,8 = ______ 4,5 – 0,3 = ______ 3,4 – 0,9 = ______

3,5 + 1,2 = ______ 3,9 + 1,2 = ______ 6,8 – 2,4 = ______ 5,2 – 1,7 = ______

3 Die Summe der Zahlen in zwei nebeneinander liegenden Steinen steht im Stein darüber.

a)

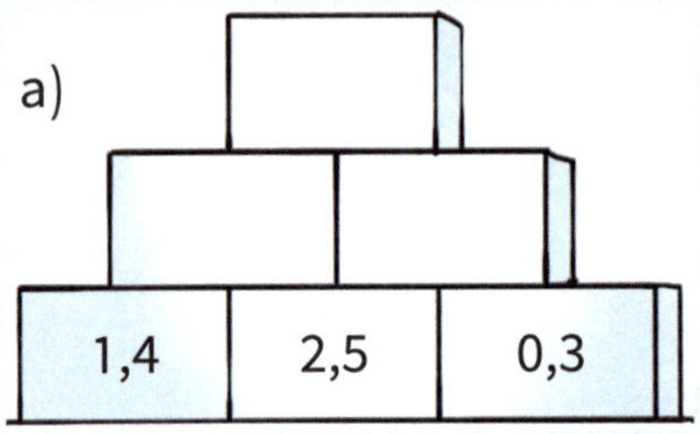

b)

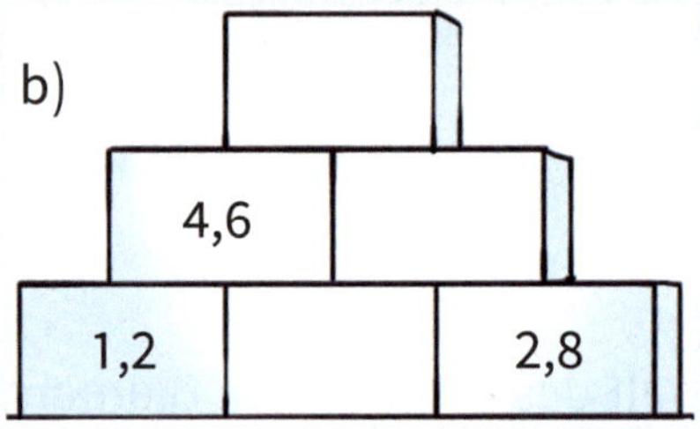

c)

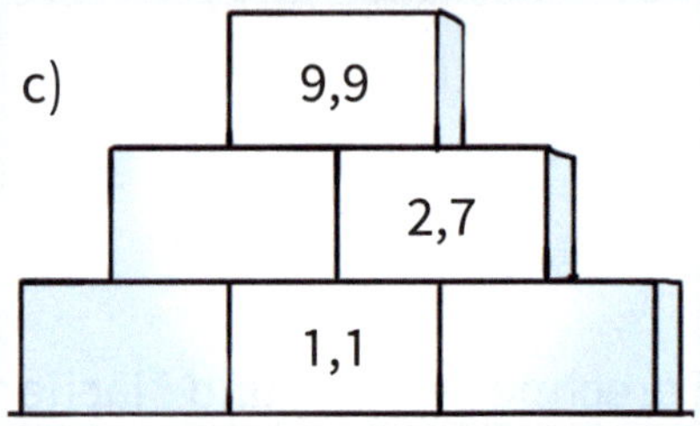

4 Schreibe richtig untereinander und addiere.

a) 13,25 + 46,52

b) 0,67 + 12,86

c) 27,22 + 3,87

5 Schreibe richtig untereinander und subtrahiere.

a) 45,89 – 16,47

b) 23,68 – 1,29

c) 45,34 – 17,85

6 Im Kopf oder schriftlich? Trage die Ergebnisse ein.

a) 12,35 + 0,12 = ______ b) 15,60 + 0,45 = ______ c) 67,90 – 15,20 = ______

0,70 + 1,30 = ______ 28,73 + 42,39 = ______ 46,72 – 8,96 = ______

17,74 + 26,26 = ______ 64,65 + 35,35 = ______ 45,65 – 5,67 = ______

Bleib fit!
Wiederholung

1 Vervollständige die Zahlenreihen.

a)

0,4	0,8								4,0

b)

		2,1	2,8					6,3	

c)

			3,2	4,0				7,2	

2 Trage die Buchstaben bei den Lösungszahlen ein. Du erhältst ein Lösungswort.

a) 1,5 · 3 = ________ C

0,4 · 2 = ________ H

2,2 · 4 = ________ N

1,7 · 2 = ________ A

b) 5 · 0,8 = ________ S

7 · 0,7 = ________ H

6 · 1,1 = ________ I

4 · 2,3 = ________ E

c) 0,8 : 2 = ________ S

5,6 : 8 = ________ C

5,4 : 9 = ________ U

9,6 : 3 = ________ M

0,4	0,6	0,7	0,8	3,2	3,4	4,0	4,5	4,9	6,6	8,8	9,2

3 a)

·	1,2	2,1	3,2	3,5
4				
7				

b)

:	2	3	4	6
3,6				
4,8				

4

a) 5 6, 2 · 7

b) 7, 3 4 · 8

c) 6, 0 4 · 9

d) 2 1, 7 4 · 5

e) 1 7, 9 · 2 3

f) 8, 7 · 1, 3

g) 2, 3 4 · 5, 6

h) 8 0, 2 7 · 1, 9

5 Im Kopf oder schriftlich? Trage die Ergebnisse ein.

a) 66,69 : 3 = ________

64,23 : 100 = ________

b) 357,12 : 9 = ________

124,65 : 10 = ________

c) 44,684 : 2 = ________

16,072 : 4 = ________

Bleib fit!
Wiederholung

Runden auf ganze Zentimeter, Meter und Kilometer:

Abrunden bei 0, 1, 2, 3, 4	**Aufrunden bei 5, 6, 7, 8, 9**
3,3 cm ≈ 3 cm	2,6 cm ≈ 3 cm
8,26 m ≈ 8 m	1,81 m ≈ 2 m
4,109 km ≈ 4 km	5,725 km ≈ 6 km

1 Runde auf ganze Zentimeter, Meter und Kilometer.

a)	b)	c)	d)
5,9 cm ≈ ___ cm	4,75 m ≈ ___ m	2,229 km ≈ ___ km	2,3 cm ≈ ___ cm
1,5 cm ≈ ___ cm	3,41 m ≈ ___ m	4,812 km ≈ ___ km	4,56 m ≈ ___ m
3,1 cm ≈ ___ cm	6,19 m ≈ ___ m	13,704 km ≈ ___ km	1,098 km ≈ ___ km
21,5 cm ≈ ___ cm	3,41 m ≈ ___ m	3,492 km ≈ ___ km	75,81 m ≈ ___ m

2 Runde auf ganze Kilogramm.

a)	b)	c)
4,775 kg ≈ ___ kg	8,095 kg ≈ ___ kg	65,705 kg ≈ ___ kg
1,499 kg ≈ ___ kg	9,820 kg ≈ ___ kg	10,055 kg ≈ ___ kg

3 Runde auf ganze Euro.

a) 1,98 € ≈ ___ € b) 3,50 € ≈ ___ € c) 13,15 € ≈ ___ € d) 45,85 € ≈ ___ €

4 Wandle um.

a)	b)	c)
4,5 cm = ___ mm	8,45 m = ___ cm	4,500 km = ___ m
3,2 cm = ___ mm	7,30 m = ___ cm	3,850 km = ___ m
0,8 cm = ___ mm	0,63 m = ___ cm	0,250 km = ___ m
12,1 cm = ___ mm	10,05 m = ___ cm	12,080 km = ___ m

5 Ordne nach der Länge. Beginne mit der kleinsten Länge.

a) 1,40 m 14 cm 4 m 10 cm 104 mm

___ < ___ < ___ < ___

b) 5,2 km 520 m 52 km $5\frac{1}{2}$ km

___ < ___ < ___ < ___

6 Immer zwei Leisten sind zusammen 1 m lang. Färbe sie mit der gleichen Farbe.

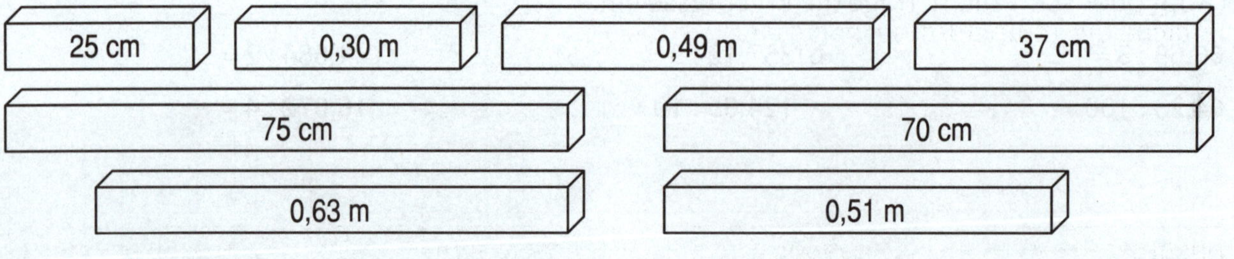

7 Gib das Ergebnis in m an.

a)	b)
6,20 m + 50 cm = ___ m	2,60 m – 10 cm = ___ m
1,40 m + 70 cm = ___ m	3,10 m – 20 cm = ___ m
2,76 m + 80 cm = ___ m	4,23 m – 30 cm = ___ m